対談

琵琶湖博物館を語る

1996–2006

川那部浩哉 編

目次

● 対鼎座談のお相手の肩書きは当時のものとし、変化のある場合などは下段に註記した。

● 図・写真などの版権は、特記するもの以外琵琶湖博物館に属する。なお、ゲストの顔写真は、山岸哲さん（山階鳥類研究所提供）を除き、対談当日に撮影したものである。

琵琶湖から考える21世紀

（一九九六年四月一三日、琵琶湖博物館応接室にて）

動物行動学研究者、滋賀県立大学　学長
日高《ひだか》　敏隆《としたか》

文化人類学研究者、放送大学　教授
米山《よねやま》　俊直《としなお》

［司会・進行：嘉田　由紀子］

一九三〇年、東京府（現東京都）生まれ。東京大学理学部卒。九三年に京都大学理学部を停年退官し、九五年から滋賀県立大学初代学長を、その後二〇〇七年まで国立人間文化研究機構総合地球環境学研究所長を務めた。現在は京都大学名誉教授。日本における動物行動学の草分けの一人。著書・翻訳書など極めて数多く、最近のものに『春の数えかた』（新潮文庫）・『人間は遺伝か環境か？』（文春新書）・『人はなぜ花を愛でるのか』（八坂書房、白幡洋三郎と共著）などがある。

一九三〇年、奈良県生まれ。京都大学大学院農学研究科修了。九四年に京都大学総合人間学部教授を停年退官し、その後大手前大学学長などを務めた。日本における文化人類学の第一人者として知られ、日本の村落・都市のほかアフリカの研究でも著名であった。二〇〇六年逝去。『アフリカ学への招待』（日本放送協会）・『都市と祭りの人類学』（河出書房新社）・『「日本」とはなにか』（人文書館）など、多数の著書がある。

琵琶湖との出合い

司会　琵琶湖博物館開館記念としてみなさんに『琵琶湖から考える二一世紀』というテーマで語っていただきたい。まず最初に外野席的な意見を言わせていただきますと、二一世紀に生きていない可能性の高い方々にお集まりいただいて、琵琶湖の二一世紀を語るというのは矛盾ではないか。（笑）　これには理由がありまして、御三方とも昭和一けた生まれで、思春期に激動の時代を過ごされたことで、世の中の良し悪しも含めて冷静にものを見る歴史観や人生観を持っていらっしゃるだろうと思います。ぜひ、個人的な視点から、あまり所属や分野にかかわらず、ご自由にお話をしていただければと思います。

米山　館長さんや学長さんは所属にかかわらないで、というわけにはいかんしね。僕だけがあやしい。（笑）

司会　確かに、みなさん組織を背負っておられると思いますが、ご自由なご意見をうかがえたらと思います。博物館は一〇年の準備期間を経て、これからまさに動こうとしています。私たちは、琵琶湖やその周辺という大変ローカルな土地にこだわりを持ち、その先に地球的な規模の問題を考えようとしてます。そこで、まず、みなさん琵琶湖とどのような関わりがあったかをお話しください。

米山　僕は小学校四年生ごろに、太湖《たいこ》汽船*の遊覧船で琵琶湖を一周した記憶があります。それが琵琶湖との初めての出合いだと思います。当時は奈良に住んでいまして、京都の従兄弟たちと一緒に京阪《けいはん》電車*に乗って滋賀県に来たのが初めてですね。

司会　戦争中ですね。どういう印象を持たれましたか。

米山　なんとなく記憶しているのは沖の白石《しらいし》*です。あの沖合の小さな島が、初めて見た琵琶湖の記憶ですね。その後随分たってから、東海道線で東京へ行ったり来たりしている途中で、琵琶湖が見えました。ちょうどおさない従姉妹《いとこ》と一緒に汽車に乗っていたら、ユリカモメを見て「あっ白いトンビ」と叫んでた。（笑）

司会　日高さんは東京生まれ、東京育ちですから、あまり関西には来られなかったと思われますが…。

日高　そうですね。でも僕は東京が嫌いなんですよ。本当は東大も嫌いなんです。（笑）　友人を訪ねて、夜行列車の急行で東京を二三〜二四時に出ると、だいたい琵琶湖に着くのが朝の七時か八時ぐらいです。今よりもたくさんサギが木に留まっているのがよく見えたわけです。周囲には工場もなかったから遠くまで見晴らしがよくて…。

＊太湖汽船
現在の琵琶湖汽船。多くの汽船会社を統合して一八八二年に創設。のち京阪電鉄と合併したが、第二次世界大戦前までは、この名で親しまれていた。

＊京阪電車
京阪電鉄のこと。一九一二年に大津・京都三条間に京津電気軌道が開通し、二五年に京阪電鉄に合併して、京津線と呼ばれた。なお、石山・坂本線は、大津電車鉄道・湖南汽船を経て、現在に至っている。

＊沖の白石
安曇川河口から五キロ東、琵琶湖のほぼ中央にある島。湖底から切り立ち、湖面上の高さは約一四メートル。水鳥の糞で表面が白く見えるので、この名がある。

司会　米原あたりの水辺が東海道線にずっと近かったからですね。

日髙　通るたびにサギが見えましたよ。飛び方もね。汽車がゆっくり走るからよく見えたんだろうね。サギの群れのリーダーとその群れの動きについて気にしていたので、よく観察していたら、サギの群れにリーダーはどうもいないようだとわかって。だけど電車のなかだけの観察なので、論文にはできなかった。（笑）

司会　車窓からのエソロジー*というのはおもしろいですね。

日髙　その当時はエソロジーという学問分野はなかったですから。そういう動物や人間の社会については、それからずいぶん先になってから取り組みました。

司会　川那部さんは京都でお生まれですから、代々この土地には関わりがあるのでは。

川那部　私と琵琶湖の関係の始まりは、やっぱり泳ぎに行ったことですね。四〜五歳の時から柳《やな》が崎《さき》（西大津）へ行きました。それからしばらくたって柳が崎が汚れてきた。ここで泳ぐのはそろそろ無理かと思いましたね。一九三八年〜四〇年ぐらいのことです。

司会　昭和十年代ですね。当時から、すでに水泳場の汚れはすすんでいたんですね。

*エソロジー（ethology）
動物行動学。比較行動学・習性学と訳されたこともある。

川那部　真野《まの》あたりまで行かなければということになった。江若《こうじゃく》鉄道*に乗って行かなければいけないし、後々これ以上汚れてはかなわんと思って、もう琵琶湖を見るのはやめておこうと。（笑）　もう一つは、今のびわ町*の早崎内湖《はやさきないこ》でした。柳が崎などの砂浜とちがって、水草が一面にたなびいていて、岸も泥の上にヨシが生えている。「汚い」といっても、何か魅力がありましたね。それと、ふなずしも子どもの頃から好きでした。

司会　子どもがふなずしを好むとは珍しいですね。

川那部　大好きでしたね。（笑）　ですから、その頃からこのフナは何を食べているのだろうと思う。「食う食われる」関係のおもしろさを知ったんでしょう。

司会　子どもの頃というのはやはり、生き物の印象とか遊びの印象が強いのですね。

それぞれの学問分野における琵琶湖との関わり

司会　みなさんそれぞれの長い学問生活、研究生活のなかで、琵琶湖あるいは近江盆地についてはどのようなご経験をお持ちですか。

米山　本格的に琵琶湖に関わりを持ったのは、生物資源調査団という大きなプロジェクトチームがありまして、私のセクションは漁業班でした。

***江若鉄道**　浜大津・近江今津間を走っていた鉄道。一九二一年三井寺下—叡山間に始まり、徐々に北へ延伸。近江・若狭（福井県）を結ぶ計画は実現せず、国鉄（現ＪＲ）湖西線の着工により、六九年に廃止。

***びわ町**　現長浜市。

昭和三五年頃です。「どこでも好きなところをやってください」と言うので、私はマキノ町*の知内浜《ちない》を中心に調査をしたのが印象に残ってます。知内は古い集落ですが、たまたま残っていた記録を見せてもらうと、皇女和宮《かずのみや》が（徳川）家茂《いえもち》のもとへ嫁いだ際に、村人が派遣された話とか、明治維新の時の記録など、結構おもしろい記録がありました。今はその記録もきちんと活字化されて、誰でも読めるようになってますが、最初に見つけたのが僕らなんです。甲南大学にいた時にも、学生と一緒に同じ場所へ合宿で行き、お寺に泊まりこんだことがあります。そのほか琵琶湖との関わりというと、琵琶湖研究所*とか、大阪府の琵琶湖・淀川水質保全機構*など一連の研究機構の一員としてということですかね。

司会　生物資源調査団には、川那部さんも関わっておられましたね。米山さんが「知内村二百五十年の村の日記」を発掘してくださったので、その後、私たちも知内村を対象に、昭和五六年からずっと継続的な調査を行っています。昭和五九年に『水と人の環境史』という本にまとめました。

川那部　私の場合は、一九五四年（昭和二九年）の秋、大学四年生だったとき、アユの研究をしてみないかと言われたのが始まりです。アユが海から上ってくる川と違って、琵琶湖のアユの遡上《そじょう》の最盛期は、秋の産卵

*マキノ町
現高島市。

*琵琶湖研究所
一九八三年に作られた「琵琶湖の環境を守るため」の滋賀県立の研究所で、大津市島関にあった（二九ページに写真がある）。二〇〇五年に組織改編され、琵琶湖・環境科学研究センターとなり、同市柳が崎に移った（三三九ページに写真がある）。

*琵琶湖・淀川水質保全機構
琵琶湖・淀川の水を利用する関係自治体（二府四県三市）と民間一二六社が作る、水系の一貫した水質保全に取り組む目的の財団法人。琵琶湖畔の草津市志那町には、水質浄化共同実験センターがある。

期ですね。天井川《てんじょうがわ》*が多いから夏にはたいていの川に水がない。しかし今の知内川は、当時最も水の減らない所で、最良の川でした。でも食うことにいっそう興味があったから、その行動が良く見られる京都府の宇川へ行きました。どういうわけか産卵には興味がなくてね。生物資源調査団では、総括をするだけで、自分で手を下したのは水草にくっついている動物だけですよ。

日高　僕の場合にはずっと新しくて、一九七五年京大に赴任して講座の連中と来たのが始まり。とにかく京都が気に入った。研究のために高橋さち子*さんと一緒にイサザ*を数年間観察しましてね。イサザが繁殖するのは春先三月から五月ですから、真夏の暑い時期にはあまり行かなかった。冬の間どうなっているのかも調べた方がいいというので、一一月から行ったこともありました。一九八四年頃に大渇水があったでしょう。あの時に、琵琶湖の南部がすごく汚れ、イサザの卵はみんな死んでしまっていた。漁師さんに頼んで、夜に舟を出してもらい、今まで知られていなかったイサザの稚魚を探しました。大量のミジンコに混じってそれらしきものが獲れるので、専門の先生に「これはイサザの稚魚でしょうか」と聞いてみたら、「イサザの稚魚はまだ確認されてませんからわかりません」と言われた。(笑)

＊天井川
堤防内に多量の土砂が堆積し、川床が付近の平野面より高くなった川。

＊高橋さち子
魚類生態学者。現在、龍谷大学非常勤講師。川那部浩哉・水野信彦編『日本の淡水魚』(山と渓谷社)で「イサザ」の項を執筆。

＊イサザ
琵琶湖固有のハゼ科ウキゴリ属の魚。毎日行う鉛直移動は、プランクトン動物の摂食のためだけではなく、繁殖期の調整にも関与するものであることが明らかになっている。

司会　イサザは琵琶湖にしかいないというおもしろい魚ですが、イサザと琵琶湖の関係の深さについてはいかがですか。琵琶湖が今の形や深さになったのも、三〇万年から四〇万年前といわれてますが…。

日高　本当のところはわかりませんよね。イサザが毎日湖底から表層まで上がってくるでしょう。あれは夜上がってきて、昼には深く沈んで…を繰り返しているんです。

司会　毎日行ったり来たり、上下の通勤をしているのですね。

日高　そうですね。なぜかということはわからないのですが、体長五センチぐらいの魚ですから、琵琶湖の深さを考えると大変な移動距離なんです。それを毎日行き来しているわけで、何のためかと言えば、いろいろな説がありますね。プランクトンを食べるために上がってきて、上には敵がいるから今度は速く下に行かなければならないんだとか…。まぁ下にも敵はいるんですけど。イサザは冷水性の魚ですから、あまり水面上に留まっているといけないとかね。調べていったら産卵時期を調整するためだということがわかりました。とにかく変わった魚ですね。

司会　イサザ一つにしてもまだまだわからないことがたくさんあり、深い進化の歴史も秘めているんですね。イサザは飴《あめ》だきにされたり、なべにされたり、滋賀県民には、馴染みの深い魚ですが、ここ数年は獲れなくなっているという話も聞きますが…。

日高　最近はまたちょっと回復しています。僕はどの生き物もおもしろいから、これだけがおもしろいというのはないんです。

川那部　人間が一番おもしろい？

司会　人間の女が？

日高　いや、一番ということはないんですよ。(笑)

米山　そういう視点で言えば、単に植物採集をしたり、生態学だけをやるのではなく、生物そのものに対する興味や探求心が強くないとだめですよね。

川那部　いやそうとも限らない。私の場合アユの研究を始めたのは、交通費や食事代が全部出ると聞いたからで(笑)。最初は生物なんか特に好きではなかった。いまだにその傾向はあって、何かと何かの間にどういうことが起こっているかということに興味があるわけです。いわばものよりもことに惹かれる。でも、長いこと関わっていると、だんだん情を移すことになるやないですか。五年か一〇年ぐらい経ったとき、ある人と話をしていて、アユと自分のことを「われわれ」という言い方をしてしまったことがあります。(笑)

既存のパラダイムを超えて
二一世紀の琵琶湖と近江盆地を考える

米山　琵琶湖は、今の深さになってかなり長いと思われていますが、その歴史のなかで、一度浅くなったこともあるそうです。短い時間に、あれだけの変化がどのように起こったんでしょうね。

司会　琵琶湖が深くなればなるほど、イサザの通勤時間が長くなったとか。（笑）

川那部　その代わりに、浅ければ湖水は濁っていたやろうし、温度差がなくなる。さっきのイサザの説は嘘か本当かわからない。（笑）

司会　米山さんにとって、この地域の魅力についてはいかがでしょうか。『日本のむらの百年』という大変な名著がありますが、私ども地域社会学を研究する者にとって、米山先生の論文はとてもいい見本になりました。日本の村の百年から出発し、アメリカやアフリカの社会変動をみる。その中から「小盆地宇宙論」という説を出されましたが、その発想の根本は何でしょうか。

米山　最近考えてることなんですが、僕らの時間というものは、いくつもあるわけですよ。一年というのもあるし、一〇年というのもある。この一〇の二乗が一世紀で、一〇の三乗になると千年紀。文明はだいたい千年紀単位で考えられるし、地質的には何十万年というような気が遠くなるような年代を経ている。阪神大震災は、この何十万年という地質構造が一気に動いて地震になっているわけでしょう。ですから、そういう時期を、我々人間は同時に生きているんだという感じがするんです。戦後五〇年という区切りで見ると、この半世紀は大変革の時代ですから、やはり一〇年単位で勘定しないとね。今の琵琶湖はその大変革の結果ですね。

近江については、今までの社会学者たちは、盆地と山との関係を全然考えていなかった。それを全部ひとまとめにしていこうというのが私の考えなんです。琵琶湖はものすごく盆地が広く、周りを山が囲んでいる。江戸時代以降の形としては、都に近い国という城下町で、江戸や京都から物資や情報が入ってくるように、琵琶湖を中心に町が分散し、大津・彦根・長浜ができた。近江盆地はそういうものだと認識しています。最近は水中考古学がはやっていますが、いろいろな時間のレベルでものを見て解釈しているんですね。僕たちの研究は、実際にはどう役立つのかわからないのですが。周辺の住民にとって琵琶湖とは…という考えはこれまでなかった。滋賀県民がみんなで琵琶湖における文学史なんかも考えないといけないかもしれませんね。

川那部　近江は同じ近畿圏とはいえ、やはり京都が隣にあるから…。

日高　本来、一緒に栄えていくということはありえないんですよね。

川那部　そうそう、むしろお互いつぶし合いをしているわけで。（笑）それが逆に双方を支えている。

司会　それは近江盆地の広さが関わっていますね。米山さんの地形論と歴史論に加えて関係論も入れていきますと、長浜や大津がどう関わっているのかも興味深いですね。琵琶湖をはさんだ水上交通の流れ、西は東へ行くし北は南へ…という風に、お互いの競争関係がはっきり見える社会になったわけですね。すぐ隣の足は引っ張る、遠い都の出来事はある意味で受け入れる。その辺りが社会論としてはおもしろい。

米山　競争しても同時には成長しない。

司会　博物館の計画を立てる時にも、重層的な時間ということを基本に据えました。たとえば今見る風景ひとつにしても比叡山は一二〇〇年の仏教の歴史があり、あるいは伊吹山には二億年の地形がそのまま見える。時間が、周囲の地域すべての風景や出来事の上に折り重なっている。琵琶湖を取り囲む、こんな奥深い風景は少ないのではないかと思ったんです。最近の急速な変化を含めて、この先二一世紀の日本はどうなるのか

1996年10月、開館直後の琵琶湖博物館と烏丸半島（中島省三撮影）

という冷めた歴史観と個人のユニークな視点から、そしてこの地域、琵琶湖に重点を置いた推測をしていただければと思います。

米山　僕はかなり悲観的ですね。人類は滅亡するという話は、あまり意味がないから言いたくないのですが…。常識的な視点では、今かなり地球全体で地球環境という言葉が氾濫していて、またそれがいろいろ問題視されている。琵琶湖も地球環境の一部ですから、このまま進行したら琵琶湖は死の湖になるのは間違いないのではと危惧しています。楽観的な見方をしている方もいますけどね。（笑）

司会　死の湖になるということは何度も言われてきました。たとえば昭和四〇年代に「一〇年経ったら死の湖になる」と言われ一〇年が過ぎ、五〇年代にも言われ、六〇年代が過ぎました。ということは…。

米山　ちゃんと生き残ってますよ。（笑）死の湖という表現はとても微妙で、どんな所でも生きていく微生物はいますが、これは人間から見た場合です。うじとハエしかいないようなすさまじい川や湖もありますし……。

司会　生物学者さんにはそういう表現をしてほしいのですが……。ハエが繁栄する条件ができたとか。

米山　ハエが生きていけるかどうかさえわからない状況ですけどね。

日髙　人間の立場から言うと、周りの人が気をつけて汚さないようにしようと考えるしか方法がない。それが一番大事なんじゃないかな。その意味では、博物館が先頭に立って大いに啓蒙していただいて、大変なんだから大切にしましょうとアピールしてくれることを期待してます。

司会　何に対しても、自分たちにとって何が重要なのかと、当事者感覚のなかでとらえることが大切ではないかと常々考えています。たとえば、魚が捕れなくなったとか、水遊びができなくなったとか…。

日髙　きれいなはずの琵琶湖が死の湖と化す。周りの人は気が狂いますね。

司会　気が狂うというのは精神の安定という意味においてでしょうか。

日髙　何らかのストレスを受けて病気になると思いますよ。そんなことにならないために、琵琶湖をきれいなまま維持していかなければならない。琵琶湖があってこそ我々は存在しているわけでしょう。琵琶湖を守ろうというのではなく、自分自身がおかしくならないためにも気をつけるべきという道徳的緊張感を持たないと。

川那部　ただ、琵琶湖はまだまだきれいだしいい所だ、と言っておきましょう。

日高　琵琶湖は大きくて、汚れも薄められるからきれいなのは当たり前じゃないかな。ここはどこそこよりましという比較ではなく、その場所のその問題として考えなければならない。

川那部　そう。別の言いかたをすれば、回復させるための限界の問題で、「諏訪湖やヨーロッパの湖よりきれいだ」などというのは全く意味がない。

司会　景観の破壊に関しては、行政側にも責任はある。日本ほど風景をめちゃくちゃにした所はないと言われていますが、博物館を建てる時は、ここは美しいということを存分に楽しんでほしいということ、美しいから守ろうということを改めて考えてほしいという思いがあったんです。

日高　人間のぜいたくは計り知れませんからねぇ。何をもって「これが最善の策」とするかがね。安全面を考えると、景観が失われる場合も多々あるし。僕は、人間にとって美しい風景というのはぜいたくのひとつとして考えているんですがね。結果的に集約されている部分は善意とか悪意とかの問題じゃない。パラダイム*を超えた概念でとらえないといけない。

*パラダイム（paradigm）
ある時代や分野には、それぞれ特徴的な認識方法のシステムがあり、通常それにのっとって論議が行われる。これをパラダイムと言う。元来は科学史の用語だが、広く「信じられている」状況を指すのにも使われる。

米山　近江に多少関係のあった司馬遼太郎さんが亡くなられたでしょう。彼は日本はこのままではだめになると危機感を持っていた。住専《じゅうせん》問題でいうと、政治家はおろか清潔だと思われていた官僚である大蔵省*までがああいう風になってしまった。日本人が利己的になってきて、自らそういう状態に持っていってしまったのではないかと思います。まさに司馬さんのいう「道徳的緊張感」がなくなっているんです。

司会　「道徳的緊張感」というキーワードを出していただきましたが、個人趣味に徹するという自らの道徳的緊張感と、社会的な意味との乖離《かいり》が問題になってくると思うのですが。どうもそのあたりを次の時代に考えなければならない。

日高　利己的であった方がいいと思いますよ。しかし、浅はかな利己主義は問題ですね。（笑）　損得で勘定した利己的でないといけない。そうすれば、殺し合いはなくなる。殺人なんか利己的なものだと思われてる。あいつが嫌いだから殺すとかね。でも罪を犯すことは損である。だから少しも利己的になっていない。

司会　もう少し、利己的であることを徹底する。

日高　もっと「賢く利己的に」ですよ。

＊大蔵省
現在は財務省。

滋賀県全体が博物館。
琵琶湖博物館は、その広い入り口でありたい

司会　地域の方にとっては琵琶湖はとても大切な存在だと思います。ただ当たり前に見ているので、なかなかそれが見えない。人と琵琶湖との関係の将来について、いかがでしょうか。

日高　地域周辺というのをどの範囲でくくるかは難しいと思いますが、滋賀県すべてが琵琶湖の集水域ですから、すべて関係があるわけですね。ダムをつくったりという話もあるのですが、水はいっぱいあるはずだけれども、地元住民には行き渡ってないという…。

司会　その辺りは、私たちの生活の仕方、農業や工業の生産のあり方すべてが琵琶湖に集約されているということですね。ただ、人と琵琶湖との関係が当事者には見えていない。それを見えるようにするためには、琵琶湖に対する必要性や危機感を感じられるようにしないと。

日高　もし琵琶湖がなくなったら…という想定で、関係を全部断ち切ってしまうような状態を作ってみるべきですね。琵琶湖の大切さや、このままでは危ないよ、というのがわかればそれでよいと思います。生活者の身近な問題として、わかってもらうには何を考えた方がいいということ

とで。

司会　今日いた魚がいなくなったとかあるいは、今まで食べていたふなずしが食べられなくなったとか…。そういう生活に関わり合うなかで、何かがおかしいというような意識を持ってもらうことでしょうか。

米山　戦後五一年間の大きな変化はまさに国土全体が都市化したことです。これまでの農村的景観の面ではなんの問題もなかった。それが、都市的生活指向になり大きな変化が起こった。これは大いにアジテーション*しなければならない。周辺地域で助け合い、もちろん滋賀県にも頑張ってもらいたいものです。この博物館もできたことだし、「仏つくって魂入れず」にならないようにね。(笑)

司会　大変的確な評を最後にいただいたのですが、最後に博物館の理想も含めて、館長におまとめをお願いいたします。

川那部　この琵琶湖博物館は「入り口」ということの一言に尽きますね。本来は、滋賀県全体が博物館なのだけれど、それがどのような博物館なのかは普通のくらしのなかでは、なかなかわかりにくい。だからとにかく、その入り口として機能していければと思います。この博物館の外に出ると、そこに大きなもっと本物の博物館のあることがわかるという構造ですね。

＊アジテーション (agitation)
原義は揺れ・振動。政治・社会問題などの運動・キャンペーンの意味で使われる。

それからもう一つは、博物館の中の人間が何かを作って県民に伝えるなどというのではなくて、県民その他の人たちが持っているものをここへ入れて、いっしょに内と外の博物館を作りあげるかということです。啓蒙などはおこがましい次第で、むしろこちらが周辺の声の「受け皿」にもなるように、徹底していくべきだと。

三つ目は、「琵琶湖とその集水域の自然と人との関係」という狭い入り口を、それを狭いからこそ奥深くして、日本の湖沼、世界の湖沼への入り口にする。言わば奥ではうんと拡げることをしなければならない。それは国際的にも期待は高まっていますし、その努力をしていきたいと思っています。

司会　今日はありがとうございました。

琵琶湖の自然と文化

（一九九六年五月二八日、大津市本堅田　しづか楼にて）

植物生態学研究者、滋賀県琵琶湖研究所　前所長
吉良《きら》　竜夫《たつお》

鳥類学研究者、大阪市立大学　教授
山岸《やまぎし》　哲《さとし》

［進行：布谷　知夫］

一九一九年、大阪府生まれ。京都帝国大学農学部卒。八一年に大阪市立大学理学部長・教授を退職し、翌年から九四年まで滋賀県琵琶湖研究所長を務めた。現在は大阪市立大学名誉教授。植物の生長に関する種々の生態学的法則を提唱したことで世界的に著名であり、日本生態学会会長などを歴任。日本学士院賞エジンバラ公賞など多数受賞。『生態学からみた自然』（河出書房新社）・『植物と湖の旅』・『地球環境のなかの琵琶湖』（ともに人文書院）など、多くの著書がある。

一九三九年、長野県生まれ。信州大学教育学部卒。信州大学・大阪市立大学を経て、二〇〇二年に京都大学理学部教授を停年退官し、現在は山階鳥類研究所所長。鳥類生態学の権威で、日本列島各地のほか、マダガスカル島の研究でも有名。日本鳥類学会・国際鳥類学会の会長などを歴任。『これからの鳥類学』（裳華房）・『オシドリは浮気をしないのか』（中公新書）・『アカオオハシモズの社会』（京都大学学術出版会）など、多くの著書がある。

二つの賞・二つの生態学

山岸　ご本人たちの口からこれを言わせるというのは、まともな常識のある者ではとてもできないことなのですが。吉良先生から、「コスモス国際賞」*の受賞理由についてお聞かせいただけますか。

吉良　何でいただいたかということを言うのですね。それは、選考委員長が書かれた選考理由というのがありまして、本人がそれを読むと「本当だろうか」と思ってしまって困るのですが……。僕は、それまでのエコロジーとは少し違うエコロジーをやってきたという意味のことがあったかな。あとは「いつも広いグローバルな視野をもち」とか。それは言い換えれば、あっちこっちに手を出していたということで、学者としては必ずしもいいことではないのですが。それともう一つは、僕はその言葉が嫌いなんですが、「自然との共生」。これは花博の基本理念にもなっていまして、それを一生かけてやってきたという。そういう業績でいただいたということになっています。

山岸　ありがとうございました。それでは、川那部さんの「日本学士院賞エジンバラ公賞」*の方はいかがでしょう。

川那部　私は、まだこれから貰うので、本当の受賞理由は知らんのです。

＊コスモス国際賞
　一九九〇年に大阪で開催された花の万博を記念して設けられた賞。「自然と人間との共生」という理念の形成発展に寄与した研究活動や業績に授与される。

＊日本学士院賞エジンバラ公賞
　ＷＷＦ（世界自然保護基金）名誉総裁で、日本学士院名誉会員でもあったイギリスのエジンバラ公フィリップ殿下の申し出によって一九八七年に創設された賞で、広く自然保護及び種の保全の基礎となるすぐれた学術的成果をあげた者に授与される。

＊向井輝美
　遺伝学研究者（一九三一～九〇）。木村資生さんの分子進化の中立説を発展させた。『集団

あれは自然保護に関係のある人に対するもので、そういう形で一〇年前にできたんですね。二回目の向井輝美さん*は自然保護には直接関係なかったけれど。

吉良 向井さんってどういう方でしたたっけ。

川那部 九州の遺伝をやった人です。あとは沼田さん*、高橋さん*、前回の岩槻さん*。みんな自然保護そのものもやってきた人たちです。そういう人に与えられてきていたので、私がいただけるというのは、ちょっと不思議でした。私は自然保護の一番もとになるっていうかな、生態学の中でも「生物と生物の間に何が起こっているか」、それも「関係の連鎖の総体」とでもいうのが好きだったんです。そういうものを通して自然の在り方というようなものをちょっとだけいたずらしただけですから。こういう賞をいただく理由は、六月一〇日になったら、書いたものがもらえるので、そうしたら公式のものがわかるんですが。

山岸 お二人の偉大な生態学者に共通する点を考えてみたんですが、どうもお二人ともお寺に関係しているのではないかと……。

吉良 僕はそうです。寺の子です。

川那部 私もです。

吉良 川那部さんもそうだったのですか。

遺伝学』(講談社)などの著書がある。

*沼田真
植物生態学研究者(一九一七~二〇〇一)。千葉大で草原群落の解析のほか都市生態学を提唱・樹立。また長く千葉県立中央博物館長を務め、自然保護にも尽力し、日本生態学会・日本植物学会会長、日本自然保護協会理事長・会長なども務めた。『生態学方法論』(古今書院)・『自然保護ハンドブック』(編:朝倉書店)などの著書がある。

*高橋延清
造林学研究者(一九一四~二〇〇二)。東大農学部付属北海道山部演習林に長く務め、森林の育成と保護に貢献した。『樹海に生きて』(講談社文庫)・『どろ亀さん最後のはなし』(思索社)などの著書がある。

*岩槻邦男
植物分類学研究者(一九三四~)東大理学部付属植物園長を務め、現在は兵庫県立人と自然の博物館長。自然保護にも造詣が深く、日本植物学会・世界植物園協会会長などをも歴任。『植物からの警告』(日本放送出版協会)・『日本の植物園』(東京大学出版会)などの著書がある。

川那部　吉良さんの方はまともな寺で、私のはなまぐさ坊主です。

吉良　いや、うちもそうですよ。うちは禅宗寺ですけれども、檀家《だんか》というものはない。末寺という、寺の一番下のランクです。信徒というのが何軒かあって、それだけなのです。だからお寺だけではやっていけないので、おやじは本職は小学校の教員でそれで食ってきたのです。お寺はほんの副業です。ただ住職というので一応の修行とか資格とかが必要で、昔はここ堅田《かたた》（大津市）で修行していたこともある。要するに先生であって、全然坊主じゃなかったんです。

山岸　何か生態学と仏教とは、すごく関係ある気がするんですが。

吉良　仏教というと。

山岸　生態学の本質は仏教の万物流転・因果応報とよく似ているという感じがするのですが。

吉良　それはそうです。仏教の考えは常に生態学的ですよね。例えば道教と比べますと、道教もある種の自然宗教ですが、仏教の方がよりエコロジカルでしょうな。

山岸　お一人が植物の生態学、もうおひと方が動物生態学で、お二人ともお寺さんだったというのは何かあるのかなと思った。僕も生態学やるなら坊さんの子に生まれればよかったと。

吉良　関係ないな。少なくとも寺という環境とはまったく関係なかった。淡水産の貝の新種をいくつか見つけたナチュラリストだった父親の影響は大きかったと思いますが。

山岸　次は相違点ですが、「吉良生態学」と「川那部生態学」とどう違うかというと、乱暴に言っちゃうと、吉良生態学は一般法則を、川那部生態学は多様性を終始追い求めてきたのではないかと思うんです。一見それらは対局にあるが、自然を理解するにはどちらも同様に重要なんでしょうね。

琵琶湖研究所創世記

山岸　さて、長年琵琶湖に深く関わってこられて、これでおやめになるというわけではないんですが、激務からちょっとだけ身を引かれるということで、少しゆっくりされるとお聞きしていますが、そういう状況になってみて、何かこれまでされてきたことの思い出とか、言い残した方がいいなと思われるようなことがありましたらお聞かせ下さい。

吉良　僕が初めて琵琶湖研究所*を創ったときには、こういうことをしたいとか、ああいう研究所にしたいとか、いろいろ考えていましたけれども、いろいろ違う考えをもち、違うバックグラウンドをもった人たちが

＊琵琶湖研究所
「琵琶湖から考える21世紀」の章の脚注（一〇ページ）参照。

琵琶湖研究所。大津市島の関にあったが、2005年に「琵琶湖・環境科学研究センター」となり、大津市柳が崎に移った（339ページに写真がある）。

集まって創るわけですから、なかなか思うようにはならなかった。そのかわりに、僕が全然考えもしなかったことをやる人が出てきて、それが琵琶湖研の看板にもなりましたしね。なかなかこういうものは自分の思うようにはならない。それぞれの人たちがそれぞれの部門の専門家として、いい仕事をするけれども、同時に横の情報交換が十分あって、共通の情報の上でそれぞれの仕事をするという場にしたいと思ったのですが、必ずしもうまくはいかなかったですね。環境科学というものがあるとすれば、やっぱりそういうものであるべきだと思うんですけれども、それは非常に難しいことですね。なかなかよその分野のことは理解できないからね。

川那部　最初は言葉まで違いますからね。

吉良　そうです。言葉が違うのはまだいいですけど、同じ言葉が違う意味で使われますから。

川那部　違いますよね。

山岸　吉良先生には大阪市大を途中で逃げられちゃったんですけど、森の研究から湖の研究に移られて戸惑いはありませんでしたか。

吉良　ありませんでした。もともと水だけやる研究所にしようとは思いませんでしたから。陸上も含めて全部やる。今でも陸上の研究をしているのが半数近くいますからね。僕自身は本格的に湖の勉強なんかしたことがなかった。けれども、水のサイクルというのはずっと気にし続けてきましたから、あんまり違和感はなかったです。

山岸　一番驚いたのは行かれて一年か二年で世界の湖沼の研究をオーガナイズしちゃいましたよね。

吉良　あれは他動的で、あんなことをするなんて思いもしなかった。琵琶湖研究所という組織が四月にできましてね、今の建物が建ったのが一二月なんですよ。それまでの間、博物館と同じで借り住まい。県庁の向いの滋賀会館の二階の大部屋に、みんな詰め込まれていたんです。そこにお使いが来て、知事がちょっと来てほしいという。五月くらいでしたかね。それで知事室に行くのかと思ったら知事公舎の方に連れていかれた。公舎の中にも会議室のような広い部屋があって、部長たちがずっと並んで部長会議をしてた。武村正義*知事がね、「世界湖沼会議*をやろう

'84世界湖沼環境会議開会式。1984年８月28日、大津市民会館にて（『'84世界湖沼環境会議・報告書』より）

＊武村正義
政治家（一九三四〜）。自治省（現総務省）・八日市市長を経て、七四年から滋賀県知事（三期）。その後衆議院議員となり、内閣官房長官・大蔵大臣を歴任。知事として「滋賀県琵琶湖の富栄養化の防止に関する条例」を制定し、世界湖沼環境会議を開催した。

＊世界湖沼会議
当時の正式名は「世界湖沼環境会議」。一九八四年八月下旬に大津で、滋賀県と総合開発研究機構の共催で、第一回が開かれた。「湖沼環境の保全と管理―人と湖の共存の道をさぐる」が主題。第二回からは「世界湖沼会議」となった。第九回については、「私たちの歌」の章（とくに二三一〜二三五ページ）参照。

と思うんだけれども手伝ってくれ」と。突然のことだから、「それは結構なことですから、僕のできることならお手伝いします」と月並みの返事しかできなかった。僕はそれで帰りました。

その日のうちだったと思いますが、湖沼会議をやるという記者発表があったんです。どういうことをするんですかと記者が聞いたら、「琵琶湖研の所長に任せてあるから」と……。

それから準備委員会ができて、森主一《しゅいち》*さんなども入ってきて、僕はなんにも知らないのに座長にさせられていた。そういうことなんですわ。僕はおやじが大津生まれで、子供の頃よくこの辺に連れて来られていたので、琵琶湖にはなじみがある。琵琶湖なら楽しく老後の研究をやらしてもらえるだろうと思って大阪からきたんです。そんな国際会議をやらされるなんて思ってもみなかったんです。準備委員会ではいろんな案が出て、研究者だけでなく行政・住民も参加してもらうというアイディアが出た。僕の発想じゃなかったんですが、面白いからやりましょうと賛成したんです。

僕がやったことで一番成功したのは、橋本道夫*さんを委員長にもってきたことです。いろいろ考えて。あの方はもともと「大気汚染防除の功労者」で水の専門家じゃなかったけれども、あの人しか適任者はいない

＊森主一
動物生態学研究者（一九一二〜二〇〇七）。京大理学部停年の後、静岡女子大学学長を経て、八三年から八九年まで滋賀大学学長。『動物の生活リズム』（岩波書店）・『動物の生態』（京都大学学術出版会）などの著書がある。

＊橋本道夫
公害・環境問題行政官（一九二四〜）。厚生省初代公害課長・環境庁（現環境省）大気保全局長を務めた。国際湖沼環境委員会理事長のほか、海外環境協力センター理事長など、発展途上国の環境改善促進にも力を注いできている。

だろうと思ってすぐ電話したんです。あの人は、僕の北野中学の後輩でね。「先輩に頼まれたらしかたないわ」って引き受けてくれたんです。僕は実行委員長をしましたけれども、全体の組織委員会、会議そのもののリーダーシップも橋本さんにとってもらったんです。これが成功のもとでしたね。

山岸　世界の湖についての会議をなさって、琵琶湖について何かはっとされたことはございますか。

吉良　どれくらいの人が来てくれるかと思ったら、予想以上にたくさん

琵琶湖を船上から眺め・調べる、'84世界湖沼環境会議の参加者。1984年８月29日（『'84世界湖沼環境会議・報告書』より）

'84世界湖沼環境会議第１分科会。1984年８月30日、大津市民会館にて（『'84世界湖沼環境会議・報告書』より）

の参加者がありました。こっちもいろんな人を呼びましたけれども。少なくとも武村さんは、世界中からエキスパートに来てもらって、いろいろ話を聞かせてもらって琵琶湖の参考にしようと思っていたんです。そしたら外国から来た人が「琵琶湖はようやっとる。もっと琵琶湖の情報がほしい」と。それで県庁の人たちが、真面目にやってればそれだけの評価が得られるということで、自分たちのやっていることに自信をもったと思います。

山岸　琵琶湖研が教わったことは何かあるんですか。

吉良　もちろん教わったことはあるわけですけども、琵琶湖から教わって帰った人もたくさんいた。それが印象的だった。あの会議の成果としては、もう一つ住民参加に力を入れたポリシーがよかったんでしょうね。それまでは役所のすることにことごとく反対してきた人たちが出てくれた。ことごとくと言うと語弊がありますけどね。そして、これからは住民だけとか行政だけとか言わずに、両方で協力してやらないと、環境が良くはならないという立場が非常にはっきりしてきた。地元に反対のグループが一つありましたが、他にはほとんど批判的な声は聞こえてこなかった。それは非常に大きかったし、僕は驚き、かつうれしかったですね。例えば宇井純*さんが来てくれたとか。

＊宇井純　公害・環境問題研究者（一九三二～二〇〇六）。東大工学部助手・沖縄大教授を務める。水俣病の研究など公害問題について精力的な研究・実践活動を行い、住民運動にも多大の影響を与えた。『公害原論』（亜紀書房）・『日本の水はよみがえるか』（日本放送出版協会）などの著書がある。

川那部　それは何年でしたっけ?
吉良　一九八四年です。
川那部　今ならごくあたりまえかもしれませんが、非常に早いですね。
吉良　非常に早いです。それだけのことをやったというのは。武村さんという人は先を見る目があったと思っています。
山岸　もちろんそのころは、川那部さんのセンター*はまだできてませんでしたね。
川那部　まだまだ。

一九八四年と一九九二年

川那部　私はいくつか琵琶湖での仕事をしたことがあるんですけど、少し離れた格好でしてきたようです。センターへ来てからもセンター長としての役割が多かったから、仕事はむしろ、やっとこの四月からやれるかなというところです。まだ何もわからんと言うのが正しいでしょうね。
それで、今の吉良さんの話について言うと、一九八四年などというのでは、そういうことは本当に珍しい時期でしたね。役所は一般にかたくなだったし、住民との間で議論をたたかわす可能性などなかった。それがここ二〇年の間に少しずつ広がってきたことは確かだという気がしま

*京都大学生態学研究センター
生態学の総合的基礎研究と国内・国際共同研究推進を目的に、一九九一年に設置された全国共同利用機関。理学部付属大津臨湖実験所と同植物生態研究施設の後進。最初大津市下坂本に、現在は同市上田上平野町にある。

す。二年前か何かに建設省が、河川管理のなかに、治水と利水の他、「自然環境に配慮して」ではなくて、「自然環境の保護」が、自己目的の一つだと言い出したでしょ……。私なんかは大学院の頃からそう考えていたし、時には発言もしてきた。だから、まことに「遅い」と思いますけど、すごい大きな変化にはちがいないですよ。

そりゃ、まだなにも本当には動いているとは言えませんが、とにかく考え方ないしお題目だけでも向こう側から出てきたわけで、そういう状況のもとでこんどは、研究者やなんやらも、個々のところでは反対ももちろんしますけども、一般にどうやっていったらいいか、積極的な提案が必要な時期ですね。とにかく議論ができるような状況にやっとなったというところですね。そういうような意味で、この吉良さんの八四年は、そのときは思わなかったけれども、非常に大きな時点だったのですね。

吉良　まだあの時点ではインパクトにはならなかったでしょう。少なくとも建設省あたりに対しては。当時建設省の出先は湖沼会議自体に反対しましたからね。琵琶湖は国が管理するんだという立場ばかり出してきて……。建設省が歩み寄ってきたのは一九九二年のリオ会議以降、社会の流れが変わったからでしょう。だから社会全体の流れが建設省を変えたわけで、湖沼会議が変えたのではないのです。

ついでに後日談をさせてもらうと、こないだ霞ヶ浦で第六回の世界湖沼会議がありましたが、経費の半分を建設省が負担したそうです。第一回当時の琵琶湖工事事務所長が、今は土木研究所の環境部長で、閉会式の場で一つの部会の総括報告をやった。「私は第一回会議のときは大反対だったけれども……」とけろっとしていました。今は大変な環境熱心家です。

山岸　僕の感じではリオから風が吹いてきたから変わったというのもあるんですが、変わるきっかけをあれに求めていたというのもないですかね。かなり前から困っちゃっていて、どうしようもないとこに行っていて……。そう思いません？

吉良　僕はまだそういう実感はありません。もっとも上で河川行政をやっている人たちには、あるいはそういうことがあったかもしれないけれども、末端でやっている人々は、上がそれだけ変わっても、あんまり変わっていませんよ。

川那部　それは今でもね。

吉良　ですから、河川行政が本当に行き詰まったから転換の道を求めたということではないんじゃないですか。しかし霞ヶ浦の湖沼会議でね、滋賀県に建設省から出向している人だと思いますけれども、一昨年の大渇水が琵琶湖にどういう影響を与えたかという報告をしているのです。それには、建設省のデータも、琵琶湖研を含んだ滋賀県のデータも、それからコンサルタントに委託して取ったデータも、全部入っているのですね。そんなのが全部一緒にまとめられて一人の口から報告されるということは、以前なら考えられませんよ。それが初めて実現したのは画期的なことだったと思いますよ。後は、願わくば、建設省の人が扱っているメカニカルなシステムと自然のシステムとは、相当違うということをもうちょっと認識してもらえば、もっと良くなると思うのです。しかし、これはなかなかわかってもらえない。

山岸　だけどなんとなく認識しようとする努力はしているようですよ。

吉良　一つのシステムをつくっているエレメントが、条件が変わるとそのエレメントの性質も変わるという、そういうシステムは、普通の工学のシステムにはないのです。まあ、生物には食うものがなくなったら別のものを食べ始めるやつがいるのですよ。そんなシステムは予測不可能なシステムだということを理解してもらうだけでも、ずいぶん違うんだと思うのですが。

川那部　一般的に、自分がまったく理解出来ないものが存在するということを認めるということは、大体難しいものですね。

吉良　この話をして思ったのですが、こうなるまで十何年間かがたがたやってきたけれど、いくらかは成果があったのかなと。

川那部　去年の八月にブラジルであった国際陸水学会では、長良川の環境に関する問題でね、西条八束《やつか》*さんと建設省*の女性の技官とが連名で発表しました。いくつかのところで意見は違うのだそうですが、少なくとも事実に関する限り西条さんが発表するものとその人が発表するのとが並んでいてね。西条さんが初めて、とにかく議論ができるようになったと、にこにこしておられました。

吉良　そういう意味では関西は昔からよくやってきたと思いますよ。

琵琶湖博物館が目指すもの

川那部　ここで私から質問をさせてもらいます。私はこの四月から琵琶湖博物館の館長ということになっているのですが、これは琵琶湖研究所とともに吉良さんがいろいろ考えてきはったものですね。研究所と博物館を別にするというのは、私はなかなか面白いやり方だと思うんですが、両方を別々に置くことを考えられた理由を、吉良さんに話して欲しいのですが。

吉良　博物館ができる時に、一緒にしたらええやないかという話はあり

*西條八束
　陸水学研究者（一九二四〜）。名古屋大大気水圏生物研究所所長・日本陸水学会会長・理論応用国際陸水学会議日本代表などを務める。『湖沼調査法』（古今書院）・『湖は生きている』（蒼樹書房）などの著書がある。

*建設省
　現在は国土交通省。

ました。どうすべきかなと思いましたけれども、琵琶湖研究所は環境の研究所という枠を最初からはめていますので、理学的に面白いことがあっても、テーマによってはある程度以上はできないんですよ。自己規制ですけれども、研究所のプロジェクトとしてそういうのは出せないんです。例えば、何百万年前に琵琶湖がどうだったかというようなことはやっぱりやりにくいです。

ですから、もっと自由に研究をする研究機関があってもいいだろう、それには琵琶湖博物館が一番いいだろうと。琵琶湖研究所ははっきりと環境の研究所として創ったのだからその枠のなかで役にたつ仕事をすると、僕はそういう割り切り方をしています。

川那部　先に出てきたような変化のまっただ中で、琵琶湖という環境をどうするかということはものすごく重要なことですからね。滋賀県の中だけでも県立大学もありますし、水産試験場や衛生環境センターもある。そのうえ、龍谷大学や立命館大学もある。京大の生態学研究センターもある。こういう中で本当に調整・統合して、環境問題をどうしようかということを琵琶湖研究所が一番にやるべきだということですか。

吉良　琵琶湖研究所がやらんといかんということですね。まあそれだけの実力をもっているかどうか自信はありませんけれど。

川那部　それはちゃんとできると思いますけれどもね。環境問題に関する調整・統合は少なくとも琵琶湖研究所が……。

吉良　やるという覚悟でないといけないと思います。

川那部　逆に博物館は、私がお聞きするのはおかしいのだけれども、琵琶湖博物館は単純なもちろん基礎研究所でもあります。「博物館における研究」というようなことについて、そのへんの考えはざっくばらんにお聞かせいただきたいのですが。

吉良　博物館というものには博物館固有の任務がありまして、その任務は十分にやってもらわんといかんけど、研究そのものでは「博物館だから」という枠ははめなくていいんじゃないかと僕は思います。むしろ枠をはめずに自由にやった研究を、いかに博物館のなかで活かすかということは工夫してほしい。博物館だからこういう研究をというのは、とくに考えなくていいんではないかな。もちろん博物館らしい研究があってもちっとも差し支えないけれども、それでなくちゃならないとは考えなくていいんではないですかな。

そういう点で完全にフリーダムをもっているのは博物館なんです。県立大学も環境科学部ですから、やっぱりいろいろうるさいことといわれるでしょう。それほど自由ではないかもしれない。やはりあそこは、環境科学というものをちゃんと作り上げていくことに努力せなあかんし。「琵琶湖周辺のことについて面白ければなんでもやる」という、それだけのフリーハンドをもっているのは、環境科学部でもなく琵琶湖研究所でもなく、博物館だと思うんですね。

川那部　創られた方にそういってもらうと、ものすごくこっちはうれしいんですけれど。しかし、逆を言うとそれぞれをどういうふうに活かすかというところが、非常に大事なところですね。

吉良　枠があるとすれば、琵琶湖とか湖とかから完全に離れてしまうことは、やはり難しいでしょうね。少なくとも研究費を県からとりにくくなるでしょうね。県や議会から、なんでそんなことをやるんだと聞かれるに決まっている。大学はその点、割と自由ですけれどね。琵琶湖研究所でも、よその湖、よその国の湖をやろうとすると、なんか理屈をつけないと。

川那部　そういう意味で言うと、琵琶湖博物館は準備室のときから、よその湖との比較のために出ていましたね。これからは長期に腰を落ちつけて、他の国でも調査をしなければいけない。

吉良　「琵琶湖を通じて世界へ」というのを最初から打ち出してありますから。これは川那部さんにいうたかどうか忘れましたけれど、僕が博物館の企画にタッチする前のことですが、県が有識者に琵琶湖博物館を創ることについてのアンケートをしているんですね。おもしろいのは、関西の人たちは「琵琶湖博物館、それは面白い、やれ」って言われるんです。それで、琵琶湖を通じて世界の湖の問題へ広げろと。

しかし、関東の人たちは、琵琶湖博物館では成り立たないだろう、水の博物館にしろと言われる。西と東では、琵琶湖というものに対して意識も認識も違うんです。

川那部　それは非常に良くわかります。それは遠い近いではないですね。例えば東京の人たちは霞ヶ浦の博物館なら成り立つと思うやろか。私はそうは思わないと思うんです。

吉良　そうは思わないでしょう。そりゃあ湖に対する認識がないということも関係しているでしょうけれども、関東は一般論から入るという考え方が強いんでしょうね。

建設中の琵琶湖博物館。堅田で松井さんの手で建造され、湖上を帆走した丸子船（151ページの写真がある）が、搬入されている（1995年 3月26日、用田政晴撮影）

川那部　館長になって未だ二か月ですから、自分とは無関係のような顔をして褒めてもいいと思うんですけれども、十月の開館までは目標を「湖と人間」という狭いところにはめ込んだから、かえってぱーっと急に国際的になるというやりかたは、去年の国際陸水学会でもやっぱり理解してくれますね。「しもうた」という意見がありました。「うちも先にやるべきだった」と……。バイカル湖*とか、本当の古代の湖では、今は作れる状況ではありませんが、もう少しそうでない所で、「やられた」というのです。そして、琵琶湖博物館に見習っていろんなことをやっていこうかという話しが出てきました。きっとここ一〇年くらいの間に、よその国でも作られていくでしょう。

吉良　客観的に見れば、なんぼがんばっても霞ヶ浦では博物館にならないと思います。琵琶湖だからなるんです。琵琶湖は、まあそれだけの中味がある湖じゃないですかね。

川那部　そうですね。古さなんかの話では数百万年ですから、バイカル湖やタンガニイカ湖*よりは一桁新しいんですが、それでもわかっている限り、世界で何番目かにはなる。深さだって今の二つの湖に比べたら、琵琶湖なんていうのは、これまた一桁小さいけれども、まともな湖として考えられるぎりぎりのところといってもいいのではないかな、あらゆ

＊バイカル（Baikal）湖
ロシアのシベリア南部にある湖。最大水深一七四一メートルで世界一、容量二・三万立方キロで、淡水としてはこれも世界一である。

＊タンガニイカ（Tanganyika）湖
アフリカ東部にある湖で、ブルンジ・コンゴ（キンサシャ）・タンザニア・ザンビアに囲まれる。最大水深・容量ともに世界第二位の淡水湖。

ることで。

そしてもう一つは、文化の話ですね。ヒトはアフリカで生まれたそうですから、ヒトが湖とつきあった歴史は、タンガニイカ湖のほうが古いかも知れません。だけど証拠をもってさかのぼれる点では、琵琶湖も世界中でもっとも古いところまでいきますわね。粟津《あわづ》湖底遺跡*は縄文中期だそうだし、貝も魚も人間が採って食べて集めて捨てた証拠ですし、文献的にも特別に漁業許可を与える文書で九世紀のものがある。琵琶湖とその周りは、自然も文化も含めて、いわば何でもあるんです。

こういうことも含めて私なりに言うと、琵琶湖博物館はいろんな意味で「入り口」だということです。本当は琵琶湖と周りが博物館なんですね。しかし、ほとんどの人は、周り全体が博物館とはなかなか思わないでしょう。だから、それに入る「入り口」として今の琵琶湖博物館というものがある。そこでどんなものかというのが、いろいろわかってきたら、今度は周り全部が博物館という考え方がきっとできるだろうということなのです。

それから、これもやはり吉良さんが考えはったことだと思うんだけれども、従来の啓蒙的なのはやめようと。人に教えるというかたちじゃなくて、自分たちの「くらし」の歴史それ自体が博物館なのだから、それ

＊粟津湖底遺跡
琵琶湖南端の大津市青嵐沖に存在する縄文時代の湖底遺跡。一九七七年から詳しい調査が行われて、二〇〇メートル四方に及ぶ淡水産貝塚であることがわかり、多くの研究成果が報告されている。

を持ちこんでもらう。こういう意味でも「入り口」にして、博物館を皆で創ってもらう。そしてそれを、世界の湖と人のくらしへと拡げる、そういう「入り口」にする。

そうそう、これは強調しておきたいのですが、琵琶湖博物館が成功した一番の理由は、非常に早い時期に学芸員をとったことですね。だからすべてがここにしかない独自のものになっている。

吉良　ただ僕は心配していたんです。この人たちは一番仕事のできる、一番いいときに拘束されて自分の研究ができない。学芸員じゃなくて、技師などとへんな名前をつけられて…。研究職ではありましたが。あんなことをしたらくさってしまうので、せめて組織だけでも早く作ってやってくださいと、知事に言いに行ったこともありました。

川那部　展示を見てみるとすぐわかるように、学芸員は良い意味で競争をしていますよね。広い意味で自分の仕事をそのまま出したものが出来ているのです。ちょっとやり過ぎの気味もあるぐらいに。

吉良　琵琶湖博物館の前に千葉の博物館ができたのですが、同じような感じがするのです。ただし、あそこなどは、何を展示しなければならないという焦点がないんです。そうしますと、それぞれの人が自分の専門分野を展示に出したということになりますから、統一性がなくなってしまうのです。琵琶湖博物館の場合には、琵琶湖という申し分のない種子がありますからね。その種子から皆で育てるでしょう。だから盛りだくさんは盛りだくさんだけれども、「なぜこれを見た後に、これを見ないといけないのか」ということがないのです。「当然見るべきものが並んでいる」のです。その意味で、琵琶湖博物館は非常にやりやすくて幸福な博物館だと思うのです。一般のナチュラルヒストリーの博物館だと、いったい何をテーマにして並べていいか必然性がないのです。

川那部　一般の博物館だと、あれがないではないかというのが出てくる。例えば「南米で絶滅した哺乳類の化石がないのはなぜだ」ということになるのです。

吉良　琵琶湖博物館にはその心配はない。だから、非常にすっきりした博物館になると思いますけれども。

山岸　川那部さんは、先ずタンガニイカ湖へ行き、湖でしょ。その後にバイカル湖へ行き、最後に琵琶湖博物館の館長でしょう。見事に湖でつながっているんだなー。最初

タンガニイカ湖の北西端、ザイール共和国（現在のコンゴ民主共和国）キヴ州ウヴィラ付近の状景（1996年、山崎博史撮影）

からの計画なのかと……。

川那部　全然ちがう。どこかで言ったかもしれないけれども、私は変な人間で、一度も自分でこれをしてみたいと強く思って始めたことはないのです。アユの仕事にしても、宮地《みやじ》傳三郎*さんに「これをしてみないか」と言われて……そのとき何で行ったかという理由は、非常に単純で、一九五五年ですからものすごい貧乏で…。汽車賃くれて、泊まったら泊まり賃くれて、アルバイト料はくれないけれども、行っている間ただでしょう。母一人子一人だったから、京都にいるときのご飯代が浮きますからね、極端なことを言うと。タンガニイカ湖の場合も、先輩の河端政一*さんが名前を貸せというのから始まってね、河端さんが科学研究費の申請を何遍出しても落ちる、一〇年目位で通りまして、ただただついて行きました。二度目に出すときに「国立大学の教師が出した方が通りやすいって言う噂があるから、おまえ代表になれ」といわれて。理由は付けますが、私のは全部後からです。

吉良　日経新聞の「私の履歴書」という記事で、梅棹《うめさお》忠夫*君が「自分のやりたいことばかりやってきて、一生をすごした」と書いている。「なんという奴だ」と思いましたよ。僕も川那部さんと同じで、大体においてやらせられて来た仕事ばかりです。大学にいるときの研究は、さすがに

＊宮地傳三郎
動物生態学研究者（一九〇一～八八）。京大理学部停年の後、日本モンキーセンター初代所長・淡水生物研究所長などを務め、「琵琶湖生物資源調査団」などの団長でもあった。『アユの話』（岩波新書）・『宮地傳三郎動物記全5巻』（筑摩書房）などの著書がある。

＊河端政一
魚類生態学研究者（一九二二～二〇〇〇）。宮地さんとともにアユの研究に先鞭をつけ、その後静岡女子大・信州大に務めた。『白山の自然』（石川県ほか編）・『山岳・森林・生態学』（中央公論社、加藤・中西・梅棹編）等に執筆している。

＊梅棹忠夫
文化人類学者（一九二〇～）大阪市大・京大人文科学研究所を経て、ほぼ二〇年にわたって国立民族学博物館初代館長を務めた。『文明の生態史観』（中央公論社）・『知的生産の技術』（岩波新書）などの著書がある。

そうではありませんでしたが。だから「何をいつどういうふうにやる」かはあまり計画的でない。ただそれを引き受けようかどうしようかというときに、自分の選択がはたらく。自分のラインに載るものなら引き受けるけれども、そうでないのは引き受けない。後から他人が見ると、一貫しているように見えるのだけれども。

学問とアマチュアリズム

吉良　日本は成熟度が高いので、本来の意味でいうアマチュアの人たちが随分いるんです。

川那部　だけどそれは、皆にちゃんと認識されていないという気がしてならない。

吉良　されてません。その人たち自身がなにか卑下している所があってね。もっと大きな顔をして出ていらっしゃいと…。

川那部　そうですね。

山岸　僕なんかもまさにアマチュアから出発したのだから、今の先生の言われていることはすごくよくわかります。それでプロになったとたんに、僕の仕事あんまり面白くなくなってしまったって、よく川那部さんにかまわれる。一番困ったのは趣味がなくなってしまったんですね。

吉良　そうですか。

山岸　アマの頃は研究が趣味だったんです。それが趣味をやって給料をもらうようになっちゃって。女房に、「あなた、退職してからの趣味を考えておきなさい」と言われて。この頃、鳥は趣味じゃなくなっちゃったんで、何を趣味にしていいのかわからないんです。

吉良　それはおもしろい。

山岸　意外とアマチュアの時の方が生き生きとやっていた。だから今のアマチュアの人にももっとがんばってもらいたい。

吉良　僕はね、昆虫や植物は子供の頃から好きなんだけれども、それは個々の花が、個々の蝶々が好きなので、それが楽しみですね。考えてみると、それとは重複しないような研究テーマを選んできた。だから僕は山に行って葉なんかむしったり、重さを測ったりすることをやってきた。それはいろいろしんどい仕事だけれども、そのかわり、道端にいろいろな花が咲いたり蝶々がいたり……それが楽しみで、少々辛くても面白いというバランスがとれていた。

川那部　たしかにそう言われればそうかもしれません。吉良さんのお書きになったことに一番最初に反発したことは、『自然地理学』というご本だったかな。その中に、できるだけ具体的な生物名は出さずに、種類A、種類B、種類Cというのでいきたいと書いてあって……。私がそれを読んだときには、生物があんまり好きじゃないのが、やっと仮説めいたものが出て、のめり込めそうな時期でしたから、癪《しゃく》にさわってね。しかし、今おっしゃっているのをお聞きすると、ものすごくわかる。わざとそうされたのですね。

吉良　いろんなとこへ仕事に行った時にちょろまかしてきた植物たちが、わが家で何十年も生きとるわけですよ、完全なアマチュアです。あんまり大っぴらに言いたくないんだけれども、僕は外国旅行に行くと、たいていね、差し障りのないような植物をポケットに忍び込ませてくるんですよ。例えばブラジルへ行くとね、新世界はほら、アナナスの仲間、パイナップル科のいろんな着生植物がいっぱいある。電線の上に無数にくっついていたりするわけですよ。そういうのは、税関に見せてもどうということはないんです。そういうのが毎年わが家では花をつけます。雲南に行くと、挿《さ》し木ができそうな植物の枝を切って、ビニール袋に入れて帰ってくるんです。挿しておくと毎年花を咲かせます。そういうのが一方であって、それと仕事の方とのバランスがとれる。

山岸　そうですね、大学はアマチュアを組織しにくいですよね。そこで博物館はそういう使命をもっているのでは。

川那部　琵琶湖研究所もかなりのそういう人たちを組織していたようですけれども。

吉良　必ずしもそうではありません。博物館に移る前から嘉田由紀子さんなどはよくやっていましたが。嘉田君の仕事はああいう人間相手の仕事ですから。ホタルの調査のような自然科学的な仕事も、奥さん連を含めて一般の人を組織してやった。そういう伝統はなくさずにおきたいと思っているのですが。

山岸　ちょっとだけ琵琶湖から日本全体とまでは言いませんが、せめてKONC*の会員へ何かメッセージを。

川那部　ほんまにKONCっていま何を狙っているの。

山岸　それが解らないから今こういう企画をして、話をお聞かせいただいているのです。だけどKONCって吉良先生たちが最初にやられた時から随分違ってきているのではないですか。僕の理解では研究者が自然保護運動でなくて、自分たちの研究をどういうふうに保護に結び付けるかということを模索する組織というふうに設立趣旨から理解しているんですが。最近は層が広くなってきて、一般の人とかアマチュアの人とかいろんな人が入ってきて、中には運動したいという人がいないわけでもないと思うんです。

*KONC
関西自然保護機構（Kansai Organization for Nature Conservation）。一九七八年に設立、自然の保護と保全について考える学際的な活動をおこなっている。

吉良　要するに自然保護に関心のある研究者の集まりです。やはりベーシックなことをやっていこうという組織だったことは確かなんです。もともと自然保護協会の関西支部というのがあって、そこに集まってきた人たちが、自然保護協会の活動とは別に、プロの研究者たちで自然保護を考えようとしてできたものなんですよ。けれども組織なんていうものは、年月がたつと変わるものですから……。けれども、いつもバックボーンとしてそういう研究者たちがいて、割合狭い視野で運動をやろうとするのとは、一線を画してほしいとは思いますけれども。

川那部　琵琶湖博物館は、アマチュアの人を「育てる」というのではなくて、アマチュアの人と「一緒に」…ということなんですけれども、私が前から思っているのは、きちっと対応してその人のアマチュア性をきちっと発揮してもらうためには、博物館の連中はものすごいプロじゃないといけないということです。アマチュアそのものが館員になるのではなく、逆に館員はものすごいプロでないとやって行けないと思うのです。そういう意味でＫＯＮＣが広がるということは、いいことだけれども、そのためにはプロが必要でしょう。私がアマチュアの人と関係したのはただ一つで、それは淡水魚の図鑑を保育社からとにかく出してしまった。当時の考え方からいうと、滅茶苦茶なことが書いてある。「そのことは、よくわからない」とか…。そうしたら、「よく調べてやろう」というので、アマチュアが増えてきた。そこで百人ほどの著者で山と渓谷社から本を出したのです。

吉良　自然保護とは何かと今でも思いますよ。やっている人たちにはよくわかっているんですけれどもね、それを抽象的に言おうとすれば人によってそれぞれ表現の仕方は変わるでしょう。基本的な心情としては、その辺で自然がなくなっていくのが残念で残念で何とか……と思ってやっていることははっきりしているのです。しかし、それを思想として表現せよというと、人によってずいぶん違ってきます。

山岸　突き詰めていくと自分が生きていく上での最後の場所を護るということになってしまいますからね。

吉良　そのレベルでの自然保護というのは現実には非常に難しいのです。でも外へ向かって言わざるを得ない。だからいろいろ理屈をつけて言っているんですけど。

川那部　しかし、滋賀県って、京都の横にあるでしょう。琵琶湖そのものの大事さは解るけれども、たとえば、文化。狭い意味での文化といったら、多くの人は、ほんまものは京都の中にあって、近江はその余りのように思うんですね。まだ勉強している最中だけれど、たとえば国宝や重要文化財の数で言うと、滋賀県もものすごく多いのですよ。考えてみると京都ができ上がる前から、ここはまさに本州を横断する道ですものね。

吉良　京都ができる前に、奈良の時代に大陸とつなぐルートというのは滋賀であって、そこの土地に帰化していった。平安京の周りに帰化人が定着するよりずっと古い。

川那部　そういう意味ではものすごく国際色豊かである。

吉良　そう思います。京都の文化のなかに完全にカバーされているくせにね。

川那部　そっちのほうばっかり、なにも知らない京都生まれの京都育ちはそう思っていたのを…。

吉良　そのくせにね、京都とは違うものがいっぱいある。僕が最初にそうかと思ったのは、安土の「県立近江風土記の丘資料館」の秋田裕毅《ひろき》*さんが書かれた『開かれた風景―近江の風土と文化』という本のなかにね、滋賀県は指定文化財が東京、京都、奈良についで多い、東京に多いのは全部博物館にあるのだから除外して、奈良、京都と比べると非常に違うところがあると書いてあります。奈良と京都の文化財は全部寺社に集中しているが、滋賀県の場合は仏像などの重要な文化財の多くを地域社会

＊秋田裕毅　日本文化史研究者（一九四三～二〇〇六）。滋賀県埋蔵文化財センターにも務めた。『開かれた風景―近江の風土と文化』（一九八三年　サンブライト出版）・『びわ湖湖底遺跡の謎』（創元社）などの著書がある。

がもっている。コミュニティが守って来て、今もそのコミュニティのなかにあるというところが違うことを、そのとき初めて知った。そういう所なんです。暮らしてみるととても面白いところです。

山岸　やっと対談らしくなってきましたのに、時間がなくなってしまって申し訳ありません。本日はお忙しいところを、いろいろ楽しいお話をお聞かせいただいて本当にありがとうございました。

生物多様性は、命の賑わいそのものです

（一九九六年一一月二四日　琵琶湖博物館館長室にて）

国際生物科学連合　代表
タラール　ユネス
［司会・進行・翻訳：嘉田　由紀子］

Talal YOUNÉS　一九四五年、レバノン生まれ。分子遺伝学の研究者であったが、八一年から国際生物科学連合（IUBS）の代表（Executive Director）として、世界の生物科学の連携活動に力を注ぐ。『生物多様性と科学と発展と』（英文、ケンブリッジ国際社、カストリと共編）などの著書のほか、『生物多様性と文化多様性』（英文、川那部ほか編『古代湖─その文化と生物の多様性』、ケノビ出版）などにも、数多く執筆している。

七〇年以上の歴史をもつ国際生物科学連合

司会　「国際生物科学連合」*は、どういう組織ですか？

ユネス　生物科学の国際的な連携と振興をはかるために作られた非政府組織（NGO）で、最初一九一九年にベルギーのブリュッセルで設立されました。ちょうど第一次世界大戦の直後で、国際連盟などもでき国際的な連合体の必要性が痛感された頃です。主要な参加国は最初ヨーロッパに限られていましたが、そのうちに世界各地が加盟するようになりました。

司会　現在の会員や財源などは？

ユネス　会員には二種類あります。一つは各種の国際学会です。植物学・動物学・生態学・発生生物学・海洋生物学・植物生理学など、八六の生物科学に関する国際学会が、現在参加しています。生物科学連合は、これらの下位学会の連合なのです。でも、これらの学会の人たちは、みな〈下位〉と呼ばれるのはきらいですね。どの学会でも、自分たちが中心だ、いわば「THE学会」だと思っていますから。（笑）

もう一つの会員は国など、それにユネスコやヨーロッパ共同体のような国際機関とで、ここからも拠出金を貰っています。日本もそのメンバーで、担当機関は日本学術会議です。また、日本には国際プロジェクト

*国際生物科学連合（International Union of Biological Sciences: IUBS）

の事務局もあります。生殖生物学については事務局が名古屋大学にあり、また生物多様性の国際研究については、こちらの川那部さんが、世界の淡水域に関するものの責任者です。

川那部　今年秋には台湾で会議が開かれますね。

ユネス　三年に一度の総会でして、シンポジウムも開きます。IUBSはNGOですから、政治的な制約からは離れています。たとえば中国も台湾も両方とも会員ですし、今年の会議については、中国の代表も大いに賛成してくれました。

淡水域の生物多様性は危機に瀕している

司会　川那部さんがヘッドになっている淡水域の生物多様性の国際研究とは？

ユネス　川那部さんは、国際生物科学連合やユネスコなどの六団体が主宰する「生物多様性科学国際共同研究計画（DIVERSITAS）」に最初から関係し、特に「西太平洋・アジア地域研究ネットワーク（DIWPA）」に大きくかかわってこられました。このDIWPAは、北から南へ世界で三つ作った重点推進地域の一つで、川那部さんが代表者です。また、淡水域の研究計画が、去る七月に提案されたのですが、その代表にもなってもらっています。

司会　淡水域の生物多様性研究は、なぜとくに重要なのですか?

川那部　まず第一に淡水は、人間を含めたすべての生物にとって必須のものだからです。昔から「水なくして生命《いのち》なし」*と言われています。第二に淡水は、地球的規模でみても、食糧問題同様、あるいはそれ以上にもっとも大きい制限要因になってきています。また第三に、淡水域の生命系は、人間の生活や経済活動の影響をもっとも強く受けているところで、多くの場所で今や、崩壊・絶滅の危機に瀕しているわけです。そして第四には、淡水域の基礎研究の蓄積は、意外に少ないのです。

多様性研究は文化面も大切です

司会　琵琶湖などもまさにそのような、人間に身近な淡水域の代表ですね。でも、なぜ生物の多様性は大切なんですか?

ユネス　生物多様性は、ひとことで言えば〈生命〉そのもの、「生命の賑わい」です。さまざまな生物のかたち・はたらき・くらし、こうした生き物の多様性は、私たちの食物・健康・住居、そして農業・林業・水産業・薬学・バイオテクノロジーなど、いろいろの分野に深くかかわっている。それだけではありません。多様な植物や動物の存在ぬきに人類の

***水なくして生命《いのち》なし**
古くからある諺だが、ドイツの陸水学者ティーネマン(A. Thienemann)が著書『自然と文化における陸水』(邦訳：川と湖―その自然と文化)の序章で使って、改めて有名になった。なおこの本の最終章は、「水なくして文化なし」である。

歴史はあり得ませんでした。植物や動物を大事にすることが、環境への尊敬につながり、それがひいては人間の命を大切にすることに返ってきます。このように文化的な側面からみても、生物多様性は重要です。精神的な面でも、西洋文化は日本的な自然観からも、多くを学ぶべきです。日本人は自然と深くかかわりながら、その文化を深めてきましたから。

川那部　琵琶湖は富士山とならんで自然遺産ばかりではなく文化遺産であると、私はかねがね思ってきました。もしこれらが存在しなかったら、文学も絵画も音楽も宗教も、大きく変わっていたでしょうね。

ユネス　生物多様性に関する哲学的・美学的見方も大切です。現在多くの国が、キリスト教的な考えかたに根ざしていますが、この伝統は日本的伝統とは大きく異なります。ユダヤ教・キリスト教・イスラム教の三つの世界宗教は、中近東の乾燥地帯で生まれました。このあたりでは人間は、自然と闘うことに終始してきました。自然との共生ではなくて、闘いが主だったのです。このような中で、人間は自然を管理するべきだとの意識が芽生えてきました。そうしないと自然に滅ぼされる、自然から復讐されるというわけです。

川那部　ヒンズー教や仏教のような世界宗教では、それとは異なった伝統が生まれました。湿潤環境の中で、周囲の自然に親しむという感覚が浸透しているわけです。しかしそれは、逆に弱点にもなっています。自然の破壊をも、ただ「座してみている」ということにもなってしまうのです。

ユネス　生物多様性は、信仰や人々の認識などの側面、つまり文化的な面からも接近する必要があります。

琵琶湖博物館を世界に紹介したい

司会　最後に、琵琶湖博物館についてのご感想は?

ユネス　パンフレットなどでは知っていましたが、予想を遥かに越えたものです。この博物館の基本的な視点には深く共鳴しました。第一に、生態的な自然科学と社会的な文化科学とが見事に融合しています。第二に環境を、生物・生態・人間・社会などの多様な側面から統合することに、成功しています。第三に、真の参加型だということです。博物館は人々と知識を共有し、その好奇心にこたえるところですが、ここの展示には地域の人々が集めた成果もすでにたくさん含まれています。琵琶湖博物館の経験は、日本だけでなく世界的にたいへん重要です。環境教育の素材として、さまざまな媒体を通して、もっともっと世界に発信すべきです。私も大いに援助します。

来年は、ここで「世界古代湖会議*：古代湖における生物と文化の多様性」が開かれますね。これにも大いに期待しています。川那部さんは、淡水の多様性について文化をも入れることを世界的にも提案しておられますが、その始まりとしてもね。

川那部　本来の博物館は、人々がくらし、生物が生きているその現場なのだと、私どもは考えています。建物として存在している琵琶湖博物館は、言わばその入口に過ぎません。身内をほめるのには抵抗がありますが、この博物館の場合は八年前から研究者である学芸員を配置し事務員を入れてきたのが、成功の基盤だったと思います。この連中が、地域の人たちと深く対話し、さらには共同調査によって、この博物館を作り続けてきたのです。

ユネス　滋賀県民は、この琵琶湖博物館を誇りになさるべきでしょう。さらなる発展を期待しています。

*世界古代湖会議
一九九七年六月に琵琶湖博物館で開かれた、生物と文化の多様性の関係を論じた世界最初の会議。形式的には「古代湖における種」(SIAL)の第二回の会議で、その前にはブリュッセル、その後イルクーツク・ベルリンで開かれた。

世界古代湖会議全体会議。1997年6月23日、琵琶湖博物館にて

沖島の漁業の変遷など

（一九九七年五月二一日、滋賀県近江八幡市沖島町小川四良氏宅にて）

漁師　小川《おがわ》　四良《しろう》

［司会・進行：嘉田　由紀子］

一九二〇年、滋賀県生まれ。卓抜な漁師として知られ、沖島漁業協同組合長・滋賀県漁業協同組合連合会理事などを務めた。二〇〇一年逝去。著書に『沖島に生きる』（サンライズ出版）がある。

何か残しておかんと、次の世代には話する人もあらへん

司会　小川さんは昨年『沖島に生きる』*という本を書かれました。出版の動機などから、お聞かせ下さい。

小川　三〇歳の頃からずっと沖島漁業協同組合の専務理事をやってきましてね。いろんな体験をした。その要点だけはメモを取って来たんですわ。漁業組合長を退任した段階で、よし、これをまとめておこうと思ったんです。湖南の小学校三年生の児童が、当時秋になると社会の勉強に連れて来られておった。話をせいと言うのやが、子どもに話をするのは難しいですわ。何か手がかりでも残しておこうと、整理し始めたんです。

　それで、自費でガイドブックでも作ろうと、原稿を持って相談しましたら、「私とこで出版させて下さい」となって。「そんな大それたこと」と言うたんですけれど、五日ほど経ったら、正式に連絡が来まして。

川那部　私も読ませてもらったんですけど、こう言う記録を書いて下さって、ほんまに感謝してます。

沖島にはもう石がない、他所へ出してしまいました

川那部　私は三五～六年前に初めて、沖島で泊めてもらいましたが、ま

＊小川四良著『淡海《おうみ》文庫7　沖島に生きる―琵琶湖に浮かぶ沖島の歴史と湖稼ぎの歩み』（一九九六年、サンライズ出版発行）

ず舟の多いのに驚きました。あの頃は動力はどうなってましたっけ。

小川　この島へ動力船の入ったのは早うて、大正の初めやったようです。小学校を卒業する頃には、もう多かった。沖島で石材を採取して、それを運搬してたためです。大きな丸子船《まるこぶね》*が三～四〇杯もあって、それを動力船で曳航《えいこう》して、方々へ持って行っていた。東海道線が全通したのが明治二〇年で、その土手やらにも沖島の石が使われました。

司会　浜大津の埋め立て工事にも、ここの石が使われたそうですね。

小川　ええ。私もにおの浜*の埋め立ての時に、手伝いで行ったことがあります。今の琵琶湖文化館*からデパートのあるあたりはずっと、沖島の石で埋め立てはったんです。

司会　昭和三四年頃でしたかしら。

小川　それが最後でした。ここの前の護岸に使う石まで足らんと言うくらい、他所にみんな持って行ってしもたのです。それで「石を外へ持ちだすのは、島の土を売ってしまうのと一緒やから、沖島はなくなってしまうじゃないか。この石材採取には問題あり」と言う声も挙がりました。この本にも書きましたけど。シジミは無尽蔵に獲れたもんです

川那部　沖島の漁業もずいぶん変わってきたようですね。じかに関わってこられた小川さんの眼から見ると、いかがですか？

＊丸子船
琵琶湖で用いられていた大型の木造和船。「琵琶湖と丸子船」の章を参照のこと。

＊におの浜
一九六〇年代に造成された、大津市中央部の琵琶湖畔の埋め立て地。「にお」とはカイツブリの古名で、琵琶湖の別称を「にほのうみ」と呼んだことに因む。

＊琵琶湖文化館
大津市打出浜に一九六一年開館した県立博物館。天守閣を模した建物で、仏教美術を中心に文化・文化財資料のほか、百種以上の淡水魚を飼育・展示していた。水族展示は琵琶湖博物館に移り、現在は文化・文化財資料に関する博物館となっている。

小川　兵隊から帰ってきた昭和二一年頃、特に多かったのはシジミですね。ほんまに無尽蔵と言って良いくらい。特に四～五月は、大きゅうて艶《つや》のある、それもあの黄色いセタシジミ*が、島の周り一帯の砂地で、面白いくらいなんぼでも獲れましてん。錨《いかり》を下ろして、ロープを一〇〇メートルぐらい伸ばす。真鍬《まぐわ》のついた底曳き網を入れて、ロープを引いて舟ごと動かすわけですわ。ほとんどはむき身の煮シジミにして出しました。

川那部　シジミが減り始めたのは？

小川　昭和四〇年ぐらいからで、四〇年代の末にはとんとなくなりました。昭和の三六～七年から、田んぼの排水がえらい濁《にご》って来たんです。それにＰＣＰ*もありましたな。一般の市民も琵琶湖が濁ってきたのに気付かれましたが、一番初めに気がついたのは漁師です。

川那部　琵琶湖総合開発事業*の調査で、私がセタシジミの資料を調べたのが、ちょうどその頃です。沖島の周りはもちろん、南湖でもまだたくさん獲れました。それに、内湖《ないこ》がどんどん失われたのもその頃ですね。

小川　そうです。大中《だいなか》の湖《こ》*の干拓が完成するのも、昭和四二年。それに農機具が近代化された時代です。湖岸線一帯が濁ってきて、この辺ではアユもほとんど寄り付かんようになりました。

＊セタシジミ
琵琶湖水系特産のシジミガイ科の二枚貝。汁のほか、むき身にして佃煮や飯などにする。『滋賀県水産統計』によれば、一九六〇年頃まで琵琶湖・瀬田川で年間数千トンの漁獲があったが、近年百トン程度にまで減少している。

＊ＰＣＰ
ペンタクロロフェノール(penta chlorophenol)の略称。一九六〇年頃に水田雑草や果樹の病害駆除に用いられたが、魚介類への毒性が強く、その大量死が問題になった。

＊琵琶湖総合開発事業
一九五〇年代における淀川下流域にある京阪神地帯の水需要の急増をきっかけに、七二年に成立した「琵琶湖総合開発特別措置法」に基づいて、二五年間にわたって行われた事業。「琵琶湖開発事業（いわゆる水出し事業）」と「地域開発事業」からなり、事業費総額は約一兆九〇〇〇億円。

＊大中の湖
現近江八幡市・安土町・東近江市にまたがっていた、面積約一五．四平方キロの琵琶湖最大の内湖。一九三九年に完全に干陸された。

アユとヒガイとエビと…

川那部　そのアユを、追いさで漁*で獲るのも、小川さんが始められたのでしたね。

小川　ええ。昭和二六年です。それまでは小型の地曳《じび》き網でした。湖北の今西地区の人がやってきて、追いさで漁の手ほどきを受けたんです。

川那部　どの辺での操業ですか?

小川　伊崎《いさき》の岩場から長命寺《ちょうめいじ》*まで、それに沖島の周囲です。この漁には縄張りがあって他所へは行けんのですが、地先《じさき》は押さえないかんと言うので、舟を増やして、最高七組作りました。水域を七つに分けまして、不公平にならんように、日替わりで順番に回る。ようけ獲れる場所とあまり獲れん場所がありますから。

　それから、小糸刺《こいとさ》し網*でフナ・モロコ・カマツカ、それに底曳《そこび》き網でモロコ・スゴ*・ハス・イサザ・ゴリ*・エビ、何でも獲ってました。とにかく、以前はどんな魚でも売れたんです。それが昭和五〇年頃から、嗜好《しこう》も変わってきて、鮒鮨《ふなずし》にするニゴロブナとホンモロコが主になりました。

　ヒガイはシジミを砕いたのを餌にして、春と秋に筌《うえ》*で獲るんです。京都まで活かして、酸素ボンベがあるわけやないし、桶の水を柄杓《ひしゃく》ですく

その南にはさらに伊庭《いば》内湖・安土内湖・西の湖があったが、西の湖を除いてすべて干拓されている。

***追いさで漁**
敷き網を入れ、他の数人が竹の先にウやカラスなどの羽を付けた竿で、魚の群れを網のほうに導いて捕る漁法。春から初夏に放流用アユなどの採集に用いる。

***伊崎の岩場から長命寺まで**
近江八幡市にある一二キロほどの湖岸。昔の奥島の北岸に当たる。東の伊崎には不動明王をまつる伊崎寺、西の長命寺には西国三一番の観音霊場長命寺がある。この向かいにあるのが沖島。

***小糸刺し網**
細糸で作られた刺し網。底近くで使う比較的丈《たけ》の短いものを小糸、浮き刺し網として使う長いものを長小糸と、区別することもある。編目は漁獲する種によって異なり、ホンモロコ用で二・五、フナ用で一三センチ程度。

***スゴ**
スゴモロコとデメモロの混称。ホンモロコの代用として利用される。なお、ホンモロコ

っては上からざーっと落として、持って行ったんです。大嘗祭《だいじょうさい》のお供えのときやらは、ここのお宮さんの拝殿に注連縄《しめなわ》張って、漁師が白装束《しろしょうぞく》で烏帽子《えぼし》をかぶって、蒸し焼きにしました。

昭和五〇年からしばらくは、スジエビ*です。海釣りブームが起こり、餌には琵琶湖のエビが一番と言うことになって。それまでは全然金にならなんだのに、いっときは村中がエビ漁ばっかりで生活してました。そしたら二〇〇海里問題*の結果、オキアミが入ってきて、食用のつもりやったのが餌としてばらまかれて。エビはそれで終りです。

司会　琵琶湖の代表的な漁法は、魞《えり》*ですが、沖島には近年までありませんでしたね。

小川　魞を始めたのは、昭和四六年です。他の漁村にはない漁法を全部採用していましたから、魞をやらなくても充分に生活が成り立った。必要がなかったんです。

司会　沖島と堅田《かたた》からは、歴史的にも魞の記録が出て来ないのです。

川那部　魞は、本当の漁師さんのものではないわけですか。

小川　漁船漁業の発達していないところが主ですね。

川那部　なるほど。

は琵琶湖固有種、スゴモロコは固有亜種。

＊ゴリ
一般にハゼ類を広く指すが、ここで言うのはビワヨシノボリのこと。琵琶湖の固有種との意見が強い。

＊筌
魚を捕るための籠。内側にかえりを付け、いったん入った魚は出られない構造で、竹を編んで作るのが一般。もじ・もんどり・たつべなどと、場所と形によって呼び名がいろいろある。

＊スジエビ
体長五センチ程度の淡水のエビ。佃煮とするほか釣り餌としても用いられる。

＊二〇〇海里問題
領海を越えた二〇〇海里（約三七〇キロ）までの水域に、漁業保存水域としての管轄権を設定する問題。一九七〇年代に各国が決め、八二年の海洋法改正で確定された。その結果、それ以外の水域での未利用水産資源が注目され、オキアミはその一例である。

内湖の水質は、泥取りと藻取りで維持して来たんです

司会　真珠《しんじゅ》養殖のイケチョウガイにも、ブームがありましたね。

小川　そうです。昭和五五年ぐらいが最後のピークでした。琵琶湖そのものではもう枯渇《こかつ》してまして、残されたのが西《にし》の湖《こ》やったんです。しかし、真珠の核を入れた母貝《ぼがい》*も、われわれが人工孵化《ふか》させて作った母貝も、五七年ぐらいには、水質が悪くなって全部死んでしまいました。

川那部　セタシジミもニゴロブナもビワヒガイも、このイケチョウガイ

船は沖島では各家が持っていて、その生活の足であった。おむつ洗いなども船のあいだで行われた（1956年8月5日、前野隆資撮影）

現在の沖島港。昔ほどではないが、あいかわらず船はひしめき合う（1997年5月21日、冨江公夫撮影）

＊魞
琵琶湖の風物詩としても知られる定置漁具。魚の通路に竹などを並べて誘導し、その端の袋状の部分に入った魚は出られないようにしたもの。単純なものは古代からあったが、中世に大掛かりなものが開発された。漢字は日本で作った国字。

（桑山俊道撮影）

＊母貝
真珠を作る貝のこと。特に真珠を作らせる核あるいは外套膜片を挿入する貝を指す。海ではアコヤガイの使われることが多く、淡水ではイケチョウガイを用いる。

も、みな琵琶湖の固有種ですね。ちょうど西の湖が出て来ましたが、最近は水郷めぐりでも有名ですね。どうしたら良いと思われます？

小川　まず水質。外湖《がいこ》への水の疎通と言うか、流れがないわけですよ。今度新しい閘門《こうもん》ができて、余計にひどくなりました。これまでもヘドロの除去をやかましく言うて来たのですが、なかなか実現しない。

司会　昔は泥取りとかしてましたね。

小川　藻《も》も取りました。「藻は舟一杯で千円、泥は簡単やから五百円」で、戦後、付近の人から買って、田にまいて耕したんです。特に藻を入れた年は、一俵か二俵余計に穫れた。内湖を掃除してたわけです。

「魚のふるさと作り」をしてもらいたい

川那部　琵琶湖総合開発事業も、今年の三月で終了したわけですが、小川さんの眼から見ると、どんな問題があったとお考えですか。

小川　そうですね。やはり自然湖岸を破壊したことが一番でしょう。したがって緊急問題として、この復元に取り組んでもらいたいのです。

司会　石を取り続けて島が無くなる話をなさいましたが、魚はある程度までは獲り続けてもなくならない。そこが一番大切なところですね。

小川　私はアユについては、比較的楽観しています。岸で真っ黒になることは、もうないでしょうけど。産卵時期が、田んぼの耕耘《こううん》される初夏ではなくて秋、まだ水の一番きれいな時期ですし。しかしこれも油断できません。昔の川に戻すことが、やはり大事です。

川那部　琵琶湖アユの性質が変わって来たとも、言われてますしね。

小川　大変なのはニゴロブナやモロコです。このような魚の場合、ふるさとがなくなってしまったんです。皆さんでもふるさとがあるから、連休やお盆や言うて、新幹線にもまれても帰られるんや。ふるさとがなかったら帰りますか？　帰れますか？

産卵期に沿岸の水草帯へ集まってきたホンモロコの群れ（秋山廣光撮影）

川那部　生まれ育った場所がね。産卵場所や子どもの成育場所が。

小川　「魚のふるさと作り」をしてもらいたい。例えばフナには、大中の湖と言うごっつい内湖があったんです。ヨシがあり、水草があった。切り通しの細い川へ、黒くなって登りよった。なんぼ頑張りなさいと言うたって、今の状態では増えられません。

川那部　そのとおりですね。

小川　せめて堤防を切って、水を張れと言いたい。これは漁師の得手《えて》勝手やありません。自然に生まれ育って、自然に生活しとったんです。

司会　「いのちのみなもと」ですものね。今日は沖島へ伺って、長時間、面白いお話をありがとうございました。

湖《うみ》はだれのもの？

（一九九七年一〇月一九日、琵琶湖博物館ホールにて）

シンガーソングライター

みなみ　らんぼう

［進行：嘉田　由紀子］

本名は南寛康（ひろやす）。芸名はフランスの詩人ランボーにちなむ。一九四四年、宮城県生まれ。法政大学社会学部卒。七一年に作詞作曲家、七三年に歌手としてデビュー。七六年『ＮＨＫみんなのうた』で発表の「山口さんちのツトム君」は、ミリオンセラーを記録した。演奏活動のほか、ラジオパーソナリテイや執筆活動など多方面で活躍。『三十年目の途上にて』（キングレコード）などＣＤも多数にのぼり、『野菜の花・果実の花』（丸善）・『秋の山のヴィオロン』（二見書房）等の著書もある。

川はだれのもの？
作詞・作曲／みなみらんぼう

山に　降った　雨の　しずく
岩を　すべり　落ちて
やがて　細い　川となった
川は　森で　生まれた
川は　だれのもの？
住んでる　魚のものかしら？
それとも　雨のものかな？
森の　ものだろうか？

『川はだれのもの』* を作るまで

川那部　月並みながら、この歌を作られた動機あたりから、お願いします。

みなみ　僕は宮城県の北の方の生まれです。近くの伊豆沼*で、泳ぎを覚えたり、ヒシの実やハスの実を採っていました。体に藻や泥をたくさん付けてね。こういうと最近の人は「汚い」と思うようですが、今のように、生活排水や工業排水が流れ込んではいませんから、きれいな「泥」だったんです。（笑）

＊みなみさんには歌と同名の対談集もある。みなみらんぼう編著『川はだれのもの？』（1996年、KKベストセラーズ発行）

川那部　そう。おなじ「汚い」という言葉を使ってはいけないんですよ。

ところで伊豆沼*は、ラムサール条約*の国際的重要湿地に登録されていましたね。

みなみ　ガンは昔からたくさん来ます。もう田んぼで落ち穂を食べていますよ。その後ハクチョウが来るようになって、今ではその、一大サンクチュアリ*になりました。他に棲むところがなくなったということで、なんか複雑な心境なんですけどね。

やがて、東京に出て、作詞作曲の仕事をするようになって、囲炉裏や裸電球の時期っていうのが、非常にこう、暖かく懐かしく思い出されるんですね。テレビでも、旅番組とか、ネイチャーものとか、好きなものを増やすようになって、あるとき、荒川*をテーマにした番組を持つようになりました。ゲストの方から漁の話だとかなんだとか、いろいろ聞くようになって。そこで、「川っていうのは誰のものなんだろう?」って、光がひらめいたように感じたんですよ。そして、歌詞にあるとおり、「生きているすべてのものだ」という気持になりまして。幼年体験があって、発酵していったのだと思いますね。

＊伊豆沼
宮城県栗原市と登米市の境にある沼。生き物が豊富で、近くにある内沼《うちぬま》とともに「鳥類およびその生息地」として国指定の天然記念物であったが、一九八五年にラムサール条約の登録湿地ともなった。

＊ラムサール（Ramsar）条約
一九七一年にイランのラムサールで採択された「国際的に重要な湿地に関する条約」。水鳥の生息地としての重要性から出発したが、代表的・希少・固有性のほか、魚類、その他の生物種、群集が登録のための選定基準として挙げられている。日本は八〇年に加盟し、二〇〇六年五月現在、琵琶湖を含む三三の湿地が登録されている。

＊サンクチュアリ（sanctuary）
聖域。生物の保護地域のことを指す場合もある。

＊荒川
奥秩父に発して埼玉県を貫流し、東京都に入って隅田川と荒川放水路に分かれて東京湾に注ぐ川。元来は、元荒川を通って利根川につながっていた。

魚に触れる感覚

川那部　その「幼年体験」を、もう少し詳しくお願いします。

みなみ　先ほど話しましたように潜って遊んだり。

それからウナギ針を、掛けました。ミミズ、東北ではノラミミズって言っていましたが、そのギラギラ光る、割り箸の長さぐらいのやつ、引っ張るともっと伸びるのを、夕かたにゴミ溜めなどから掘っくりかえして、空き缶にぎっしり詰めて、それをポケットに入れる。すぐポケットの中にはい出してくるんですが、それをウナギ針に刺す。ぬるぬるするやつを、ずっと糸の方まで上げるんですよ。手はもちろん汚れますよ。カ（蚊）に食われながらそういうことをして、近くの川に行って、置き針と言いましたが、岸などにさしてくるんです。それで翌朝暗いうちに、友達が呼びに来て、眠い目をこすりながら畑を通って、トマトをこう、盗んだりして食べながら。

川那部　そうそう。（笑）

みなみ　そういう点では寛容でしたね。キュウリもとって食べた。そして、針を上げてみるとウナギがかかっている。コイやナマズがかかっていることもありました。そういう時の感触っていうのは子供としては最大のものでしたね。

それから、つかみ捕りもよくやりました。淵の方に追い詰めていって、つかんで捕る。それをササにつないで、よく絵でクマがやっているみたいにぶら下げて帰るんですよ。

見えなくても種類がわかるんですね。鱗《うろこ》の大きさなのか逃げかたでなのか。ちょっと手に触っただけで「これはオイカワだぞ」とか「ナマズだ」とかわかる。ギギのときは…棘があって刺すでしょう、あれは。それでもう、何時間も痛いんですけれど。子どもというのは、度胸がある

滋賀県安曇川町（現高島市）の青井川で、魚つかみをする子どもたち（1995年８月19日撮影）

のか馬鹿なのか、放さないんですね。「刺されてもいい」。捕まえる快感の方が大きいんです。鱗のぬるぬるする、ずるずるする、すべすべする感じの違いが、皮膚感覚でみんなわかる。これが重要ではなかったと。

川那部　見るのと触るのとは、全く違いますものね。私は京都の生まれで、街中育ちだったから、子どものときはせいぜい鴨川程度でした。それが魚の調査をするようになってから、石の下に手を入れて、魚をつかんだんです。ずいぶんおくてで。（笑）　背中側からつかむとすぐ逃げるんですが、腹側からだと捕れる。

みなみ　そうなんですね。気持ちよさそうにすーっとなるんですね。

川那部　気持ちがいいかどうかは、わからないけれど。（笑）

みなみ　子どものときに魚をつかんだり、釣ったりした喜びというものは、もう五二歳になっているわけですけれども、心の中にずっと残っていますよね。歌を作ったときに出て来るっていうのは、やっぱりエネルギーとして、からだの中に染み込んでいるのだな、と思います。

それで、今の子どもたちはどうなんだろうと、考えてしまいます。生《い》け簀《す》のようなものの中に入って、「さあ皆さん、つかみ捕りです。三分間で何匹つかまえられますか」っていうのは。あれは虐待だと思うんです。魚にも子どもにもね。そうじゃなくて、逃げられる自然の条件の中で、言わば五分五分で、知恵比べをするというあたりが、少年の喜びだったような気がします。そういうことを鍛えられる場がなくなってしまった。

川那部　痛烈に覚えていることがあります。トノサマガエルをつかまえて、麦わらをお尻の方から入れて、息を吹き込む。お腹が膨らんで、ついに「ばん」とはじけて死にます。そのとき「殺してしまった」という実感が涌いて、「生きている」ということを、初めて真剣に考えたのです。最近の子どもに、カエルを殺すことを奨励するのではありませんが、命の大切さは、こういうことではっきりわかる。「われわれ人間はそもそも、植物や動物の命を奪ってでないと自分の生命を維持出来ない、罪深い存在だ」ということも、直接知る機会がないと、痛切には感じないような気がします。

湖とのかかわりかた欧米と日本との違い

川那部　みなみさんは、外国のいろんな湖へも、よくいらっしゃっていますね。

みなみ　南米のチチカカ湖*とシベリアのバイカル湖へは二回ずつ、スイスのレマン湖*にも二度ほど行きました。このあいだは、カナダのモレーン湖*とかアグネス湖*とかを回りました。湖や川と人間のかかわりってい

＊チチカカ（Titicaca）湖
　ペルーとボリビアの間にある湖。南アメリカ最大の面積を持ち、湖面標高は三八一二メートルと、大湖としては世界で最も高い位置にある。

＊レマン（Leman）湖
　スイスとフランスとの間にある湖。この西端には多くの国際機関本部のある都市ジュネーヴが位置する。

＊モレーン（Moraine）湖
　カナダ＝ロッキー山脈のバンフ国立公園内にある湖。テン＝ピークスと呼ばれる岩峰群に囲まれ、青色で透明な水の美しさで知られる。なおモレーンとは本来、氷河の末端の堆積物を指す一般用語。

＊アグネス（Agnes）湖
　モレーン湖の北一〇キロほどのところ、ルイーズ湖の側にある、エメラルド色の透明な湖。南西に氷河に覆われたビクトリア山が見られる。

うのも、自然に見てしまったという感じですね。

川那部　私はほとんどアフリカの湖ばかりで、チチカカ湖もバイカル湖も一度ずつ行っただけです。豊富なご経験から、日本の湖や川について、どういう感じを持っていらっしゃるでしょう?

みなみ　欧米だと、都市化の一方で、漁をする人の生活基盤を維持するためにも、環境行政がしっかり行われている感じがします。アグネス湖などでは、あんなにすばらしい湖に、一艘も船が浮かんでいません。ボートもカヌーもだめ。魚釣りもしてはだめな湖だと、決まっているんで

チチカカ湖のウロス島（ペルー共和国）にあるウロ族の村（1995年、芳賀裕樹撮影）

チチカカ湖で刺し網漁をするトトラの船（1995年、芦谷美奈子撮影）

バイカル湖西岸の状景。船は、ロシア科学アカデミーバイカル陸水学研究所の調査船（1995年ごろ、戸田孝撮影）

すね。自然と付き合うスタンスをしっかり持っています。
日本の場合は、なんかこう湖は一方的にいじめられているというふうな感じですね。汚水は垂れ流しだし、釣りでも何でも、遊び放題でやっています。規制せよというんではないんですが、マナーと言いますか、やっている人たちの中でまず、考えていかなければならないんじゃないか。こういう意識が高まっていかないものだろうかと、そう感じますね。

川那部　この夏に、琵琶湖の沖島の漁師さんと対談したのです。ここ五十年ばかりの漁の変化をお聞きしたんですが、以前はありとあらゆる魚が対象になっていて、売りもし、自分たちも食べていた。それが、「今はこれが大量に欲しい」と、少量の種に限定されるのですね。だから乱獲も起こるのです。今では、ほとんどアユだけだそうですよ。そして儲かることだけになるから、魚に対する付き合い方も、単純化してしまったというわけです。

みなみ　雑木とか雑草とか雑魚とか、あまり金にならないものは一括して呼びますが、本来はみんな役割があって存在しているわけですね。子どもに、「お父さん、そんなの絶滅したって私たち関係ないよ。どうして『守ろう、守ろう』ってお金を使うの」って聞かれたことがあります。私がすべき回答と言うか、種の途絶えることの重大さを、わかりやすく教えていただけませんか。

川那部　さぁ、たいへんだ。（笑）地球の歴史の中では、いつも種は絶滅したり、また分化して新しく出現したりしてきたわけですね。だから、少数の種が絶滅するだけなら、その貴重さは認めるけれども、私は、お墓を作って手を合わせるだけで、済ますでしょう。

しかし、いま起こっているのは、過去最大の絶滅速度の、数万倍以上だそうで、つまり、かなりのものが絶滅していくわけです。生物どうしはさまざまな関係で、互いに複雑につながっています。各生物は互いに、相手の存在を考慮に入れて、自分自身を歴史的に作ってきたわけです。こういう連鎖関係は、かなり柔軟性のあるものですが、それでもある程度の種がいなくなると、全体がいっぺんに崩壊する。それがいちばん、恐ろしいことです。これは、人間の儲けになるかならないかとは、全く関係がないわけです。

琵琶湖でも、環境の変化と連動して、例えばオオクチバス*やブルーギルが増えました。多くの沿岸では、この二種のほかにはヨシノボリと、これも外来種のヌマチチブだけというところが、多いのです。こういう単純化が、琵琶湖に何をもたらすか、本当に怖い。

みなみ　それまでいた魚がいなくなると、その魚と共存していたプラン

＊オオクチバス
ブラックバスとも呼ばれていた。近年は、オオクチバスのさまざまな亜種のほか、同属のコクチバスも日本列島へ持ち込まれている。

クトンや微生物とかも、影響を受けて……。

川那部　ええ、魚によるプランクトン生物への影響は、一般にたいへんなものです。

キャッチ＝アンド＝イートこそ

みなみ　釣り人口は、今や非常に多いですね。全国的な釣りの雑誌も、五〜六年前は四誌か五誌だったのに、今は一二誌ぐらいだそうです。以前は、「釣った魚は必ず食べて、成仏させる」というのが日本人のありかたでしたが、今は遊びの釣りかたになってしまって、捕まえたものをまた放す。

川那部　あれは、本当に困っているんです。釣ったら必ず持って帰って出来るだけ食べて欲しい。特にオオクチバスはうまいですからね。

みなみ　おいしいんですか?

川那部　スズキに近縁ですから、白身でなかなかうまいんですよ。

最初に箱根の芦の湖に入れる時には大議論があったんだそうです。それがここ数十年は、見さかいなしですからね。うまく湖や池を選んで導入すれば、今ごろは「オオクチバスはいい魚だ」と多くの人にほめられていたかも知れないのに、害魚だと言われて、魚のせいじゃないのに、本当にかわいそうなことです。

この博物館の水族展示にも、オオクチバスがいます。あの横に個人意見として、次のようなものを出そうと思っているんです。「ブラックバスは、キャッチ＝アンド＝テイクアウト＝アンド＝イート*とね。そしてその下に、意見を書いてもらうのです。

みなみ　他にも外来魚が増えているようで、生態系がずいぶん変わりつつありますね。

川那部　ドイツでは、州ごとに釣りの免許があって、日本の自動車と同じように、政府が試験をするのです。捕ってはいけない種とか、大きさ・数・季節の制限などはもちろんですが、この種はライン川*水系にしかいないとか、別の種はドナウ川*水系にだけとかも、ちゃんと問題に出ます。そして八割以上だったかな、正解でないと釣りが出来ないのです。いったん違反をすると免許は数年間取り消されるし、大きい違反を犯せば、一生だめになります。

日本もこうすべきだと、必ずしもいうわけではありませんが、これを自主的にやるなどというのは、不可能なことなのでしょうか。そうしないと、生物間の関係は覆されてしまうし、生物に対するつきあい方も、おかしくなるのですが。

＊キャッチ＝アンド＝テイクアウト＝イート
「捕ったら持ち帰って食べて下さい。〈キャッチ＝アンド＝リリース　捕って放す〉のは琵琶湖の敵」と書いて、意見を書いて貰うこの試みは、数週間で中止した。賛成の人は詳しく意見を書いて下さったのだが、反対の人からは「ばか」とか「けしからん」とかだけで、意見が全く出てこなかったからである。

＊ライン（Rhein）川
スイス連邦・リヒテンシュタイン公国・オーストリア共和国国境に源を発し、ドイツ連邦共和国・フランス共和国国境からドイツ西部を流れ、オランダ王国南部で北海に注ぐ国際河川。全長一三二〇キロ。運河によって、ドイツ東部やドナウ川とも連結している。

＊ドナウ（Donau）川
ドイツ連邦共和国南西部に源を発し、本流だけでもオーストリア・スロヴァキア・ハンガリー・クロアチア・セルビア・ブルガリア・ルーマニア各共和国とウクライナを通って黒海に注ぐ国際河川。全長二八六〇キロ。ボルガ川に次いでヨーロッパで二番目に長い。

みなみ　湖ではないんですけど、カナダで、ハイウェイがずっと森の中に伸びていましてね。ところどころに橋があるんですよ。この辺りには人が住んでいないと聞いていたので、尋ねたところ、動物が渡るための橋なんですって。そこまで動物のためにしてやる発想が出来るのは、やっぱり進んでいるのですね。

また、スイスやドイツは景観条例がしっかりしていますから、家の外観の配色なども、個人では決められません。洗濯ものも、外ではなく室内で干して、この観光の国を大切にする喜びを感じていると、お年寄りに聞きました。

琵琶湖にもそういうことがあってもいいような気がするんですよ。周辺に住む人たちが、すばらしい自然と文化とを育んだ、この古代湖とともに生きているんだと、他所からの人に見せるわけです。

「琵琶湖の日」を休日に

川那部　具体的に、琵琶湖に誇りを持つためのご提言があるでしょうか。

みなみ　そうですね。いつだったか、一〇月一日の朝に、娘が起きてこない。「どうしたんだ、学校を休むのか」って聞いたら、「今日は〈都民の日〉よ。休みよ」なんです。「琵琶湖の日」*というのがあるそうですね。

＊琵琶湖の日
毎年七月一日。「琵琶湖富栄養化防止条例」が施行された一九八〇年のこの日を記念して、滋賀県が定めた。湖岸や川の一斉清掃などのほか、生態学琵琶湖賞の授賞式もこの日に行われる。

七月一日。県ではその日を、休みにしてはいかがですか。

川那部　それは良いですね。（拍手）

みなみ　その日は、なんか琵琶湖について考えたり、琵琶湖で遊んだり。琵琶湖は、日本のちょうどくびれたところにある「胃袋」みたいなものですから。そのかたちはちょうど、逆さまかもしれませんが。（笑）

川那部　日本の胃袋とは、すばらしい。

みなみ　日本が健康を保っているのは、この胃袋のような湖のおかげだという気がするんですよ。だから「琵琶湖の日」は休む、と。

川那部　それは、たいへんおもしろいですね。「もういくつ寝るとお正月」と同じように、「琵琶湖の日」が来るのを待つようになれば、湖とつきあいながらの自分の暮らしにも、思いが至ることでしょう。たいへん良いご提案をいただきました。私も大賛成です。会場に、県庁の職員もいらっしゃいますね。知事の稲葉さん*にも私の方から申しておきましょう。

みなみさん。今日は楽しく貴重な時間を過ごさせていただきました。お礼を申し上げます。ありがとうございました。

＊稲葉さん
　滋賀県知事稲葉稔（一九二九〜二〇〇六）。滋賀県職員を長く務めた後、一九八六年から三期一二年間県知事であった。琵琶湖博物館の設置・開館も、稲葉さん在任中の業績である。

湖北の鳥と湖と

（一九九八年二月一七日、滋賀県東浅井郡湖北町
湖北野鳥センターにて）

湖北野鳥センター　琵琶湖水鳥・湿地センター
専門員　清水《しみず》　幸男《ゆきお》

［司会・進行：亀田　佳代子］

一九五一年、滋賀県生まれ。㈱日本電気硝子に勤務しながら、八三年に仲間とともに湖北野鳥の会を設立。八八年に湖北町が湖北野鳥センターを開設するにあたってその専門員となり、また、九七年に環境省が開いた琵琶湖水鳥・湿地センター職員を兼ねて活躍中。現在は同センター次長。
ホームページ：www.biwa.ne.jp/~nio/

「鳥で飯を食う」に至るまで

川那部　清水さんは、どのようにして鳥の仕事に入られたのですか。

清水　「どこの大学を出たか」と良く聞かれますが、答えは「小谷山大学《おだにやま》」です。（笑）　湖北町の東端には、戦国時代に浅井長政《あざいながまさ》*で知られた小谷山があるんですが、その奥で生まれ育ったんです。

子どもの頃から、虫や魚をなぶってばっかりいまして。鳥に関わったのは、伝書バトを飼うことからですね、一〇羽ぐらいにまでして。それが雪のたくさん降った朝、小学六年生でしたが、餌をやりにいったら、全部首を引きちぎられていて。イタチでしょうが、ショックでした。生きもの全般、「飼うもんではない」というのが、今もあります。

中学へ入ると、もう一人鳥好きの奴がいて、「二人で独学」いうのもおかしいけど（笑）、山とか歩き回りました。高校へ入ると、鳥より面白いと思えたものがいっぱいあって、二二～三歳頃までは、ちょっと一服でした。その後野鳥の会へ入ったり、観察会に参加したりして。

一五～六年ぐらい前から、行政も観察会などに力を入れるようになって、「湖北野鳥センター」ができることになりました。計画のときから、図面とか見せて貰ったりしてたんですけど、自然保護課の担当者が理解

*浅井長政　戦国時代の近江国の武将（一五四五～七三）。織田信長の妹お市を妻としたが、のち朝倉氏に味方して対立し、姉川の合戦に破れ、小谷城で自刃。豊臣秀吉の妻淀君はその娘である。

のある人で、私がたしか六〇項目ぐらい、「こうすべきや」というのを書いて渡したら、設計をやり直してくれはって。だからこの施設も、自分で作った感じです。鳥の基礎調査も、県から委託されてやったんで、ずっと関わってきたという印象があります。

「琵琶湖水鳥・湿地センター」*のほうも昨年開館することになって。それまで製造関係の会社に勤めてたんですが、どうしても来いということになったんです。研修会などではいつもいうんです。「僕は滋賀県で二番目の、〈鳥で飯を食うてる人間〉です」って。（笑）

一番目はこの亀田さんで、数か月早い。（笑）まあ、日本全国でも自然系の分野では、こういう専門職はほとんどない。ですからモデルケースやなと思ってるんです。

気になる琵琶湖の主、オオヒシクイ

川那部　このあたりでは、何種ぐらいの鳥が見られるんですか?

清水　この九年の間に、この野鳥センターから見られた鳥は一四五種類です。湖岸沿いに南へ二キロ半が「湖北町水鳥公園」ですが、ここでは一七五種類になり、渡りの途中でこの辺を通過していく鳥が、結構いるということです。滋賀県全体で二九〇種類ですから、このわずかの範囲

湖北野鳥センター（左）と琵琶湖水鳥・湿地センター（右）（1998年撮影）

＊琵琶湖水鳥・湿地センター
琵琶湖とその周辺が、一九九三年ラムサール条約に登録されたため、その啓発・研究施設として環境庁（現環境省）が作ったもの。九七に開館し、運営は湖北町が行っている。

でその六割が見られるんです。

その中でオオヒシクイが、いちばん気になる鳥なんです。

川那部　どういう意味でですか?

清水　コハクチョウは、人に馴れるんです。琵琶湖に来はじめたのは昭和四十六年ですが、その翌年から増えて、今年は二八五羽です。湖北に八割から八割五分、湖西で一割から一割五分。それから草津でちょこっと。

司会　草津あたりで、今年は一八羽ですね。去年は毎朝、志那《しな》の漁港の近くだけにいたのですが、今年は赤野井《あかのい》湾のハスの辺りなどにも、よく来ています。

清水　ところが、天然記念物のオオヒシクイは、体の大きいわりに憶病で、人馴れせんし餌付けできない。観察を始めてからずっと、三〇〇羽ぐらいで推移してたのが、七～八年前に二年ばかり一〇〇羽ほどに減って、心配しました。その後持ち直して、今年は二九八羽。こないだ一時的に来た奴があって、三七〇羽でした。

問題はこの二〇年ぐらいのあいだに、生息域が狭まって来ていることです。山東町*の三島池《みしまいけ》*がまずだめになり、浅井町*の西池《にしいけ》へ朝七時半頃に入って、昼間の休息場所にしていたんですが、琵琶湖でずっと過ごす数が増えてきました。以前は、北端の塩津浜《しおつはま》や葛籠尾崎《つづらおざき》から、南はびわ町*の早崎あたりまでいたんですが、今は琵琶湖でもここだけです。

*山東町
現米原市。

*三島池
米原市池下にある周囲九一〇メートルの池。この地方の灌漑用溜池として利用されてきた。マガモの生息地で、自然繁殖地の南限とされる。冬季にはカモやガンの飛来も多い。

*浅井町
現長浜市。

*びわ町
現長浜市。

オオヒシクイは、九月二〇日ごろにやってきて、一〇月一杯ぐらいは、名まえのとおり、ヒシを食います。この頃のヒシは手でつぶせるぐらい柔らかいんです。一一月になるとけっこう硬いけど、ビデオに撮って見ると、口の中で「ころころころころ」させて、それから飲み込む。クチバシの中で転がして、尖った針の部分を外すのかな、と思ったりしてるんですが。ヒシを食ってるときの糞は、紫色です。

木の皮や地下茎も食いますし、マコモ*は大好物ですね。西池では去年植栽して貰ったんですが、全部食ってしまいました。(笑) また植えないといけません。

山本山から、尾上付近と向こうに竹生島を望む
(用田政晴撮影)

オオヒシクイがいなくなったら、琵琶湖の価値も一ランク落ちます。Bランクからcランクになってしまいます。

司会 琵琶湖の鳥は、ここ一五～二〇年のあいだに、大きく変わっているようですね。数や生息場所の減っているものは、もちろん多いのですが、ここから正面に見える竹生島では、御承知

*マコモ
イネ科の多年草。沼地に群生し、高さ二メートルほどになる。茎と葉はござを編む材料に用いられた。

のとおりカワウが増えて、大きい問題になっている。こういう変化が、どんな環境の変化によって起こっているのか、また逆に、鳥のこのような変化が、周りの生物や人や環境一般にどんな影響をどれだけ与えるのか、そういった関係についても、もっと調べる必要がありますね。

水鳥は、琵琶湖だけでは暮らせない

川那部　オオヒシクイやコハクチョウが、この近辺に主に来る理由は、何だと思われますか?

清水　この「水鳥公園」のある場所は、遠浅なんです。一キロ沖にでも魞《えり》*が立てられるぐらいです。当然に、水生植物がたくさん生えている。水棲昆虫やプランクトンも多くて、魚も多いです。もう一つ大事なのは「安全」だということ。帯状ですが、ヨシ原がまだ残っていて、小さい島もある。人間と隔てるものがあるんです。

それにオオヒシクイもコハクチョウも、餌は田んぼに依存しています。湖北カモも夜は田んぼに上がって、落ち穂と二番穂を主に食うんです。湖北は去年は凶作で、一反《たん》あたり例年より二〜三俵少なかったので、この餌が少なかった。それに、稲刈りの後トラクターで田を起こすのが奨励されてます。そうすると、落ち穂を拾えるところは、四割弱ぐらいになる。

*魞　「沖島の漁業の変遷など」の章の脚注(七一ページ)参照。

鳥の降りる田んぼは、どうやら決まっているんです。そこへ行ってみるとじっさい落ち穂が多い。ひょっとしたら、最新式のではなくて、ぼろいコンバイン*使っている人の田んぼかも知れない。(笑) 私のように大ざっぱな性格の人の田んぼには、鳥が多いのかも知れないんです。

川那部 それは面白い。亀田さん、今度調査してみたら?(笑)

司会 田んぼの一枚一枚によって、サギの仲間でもなんでも、利用のしかたは全く違いますね。前にドバトで調べたとき、一か所だけいつも来ている田んぼがありました。後で聞いたら、そこは前の年には、コムギを作っていた場所だったんです。

こう言う調査も、もっと必要ですね。清水さん、お願いします。(笑)

清水 今の時期の二月は、落ち穂はなくなったので、コハクチョウもオオヒシクイもガン類も、転作田のムギについています。農家の中には、糸を張ったり、脅しの仕掛けを付けたりする人もいますが、連中は三月初旬には帰る

来館者とともに、望遠鏡をのぞきながら水鳥の説明をする清水さん(左)(1998年、亀田佳代子撮影)

*コンバイン(combine)
一台で刈取り・脱穀・選別を兼ねる農業機械。日本では一九七〇年代に急速に広がり、耕耘機・田植機とともに「三種の神器」と呼ばれた。

ので、それまではまだ、穂になる茎の出る前の状態なんです。この七～八年、冬から春先に鳥のついていた所を、六月の収穫期に見に行っているんですが、収量減はあまりなかったんで、「食べてるのは葉っぱだけ、全然心配ない」と言ってきた。ところが今年は暖冬で、ムギの生育が早くて、（若いムギを見せながら）もうこんなに伸びている。私の今までの説明がくずれそうで、ちょっと心配です。（笑）

水鳥というと、琵琶湖だけの環境を思う人が多いですが、湖だけではなくて水田にも依存している。水田は、人間の意志で、餌として残すこともできるんです。

川那部　そうですね。魚だって本来は湖とそのまわりとを行き来していたのですから。

司会　湖と陸地とは、密接に関係しているということを、最近ますます痛切に感じています。そうしたことを誰にも判るように、示していくのも研究者のつとめだとも。

「鳥か、人間か」ではなく

川那部　カモは以前は、つるにとりもちを塗り付け、夜間水面に延縄《はえなわ》のように張りめぐらす「もちばえ」で、漁師さんが獲っていましたね。私は、鳥でも何でも動物は、ある限度内で人間も分けまえを頂く、おこぼれにあずかるのが健全だし、それが自然保護の心情的基盤だとも、思っているのですが。

清水　私は「愛鳥家」といわれるのは、嫌なんです。「人間か動物か」いうたら、誰でも人間の生活を取りますね。ムツゴロウでもイヌワシでも、それは頂点となっているシンボルであって、その下の部分が人間にとっても大切だと思います。「鳥か、人か」ではなくて「鳥も、人も」の視点で考えないとと思います。

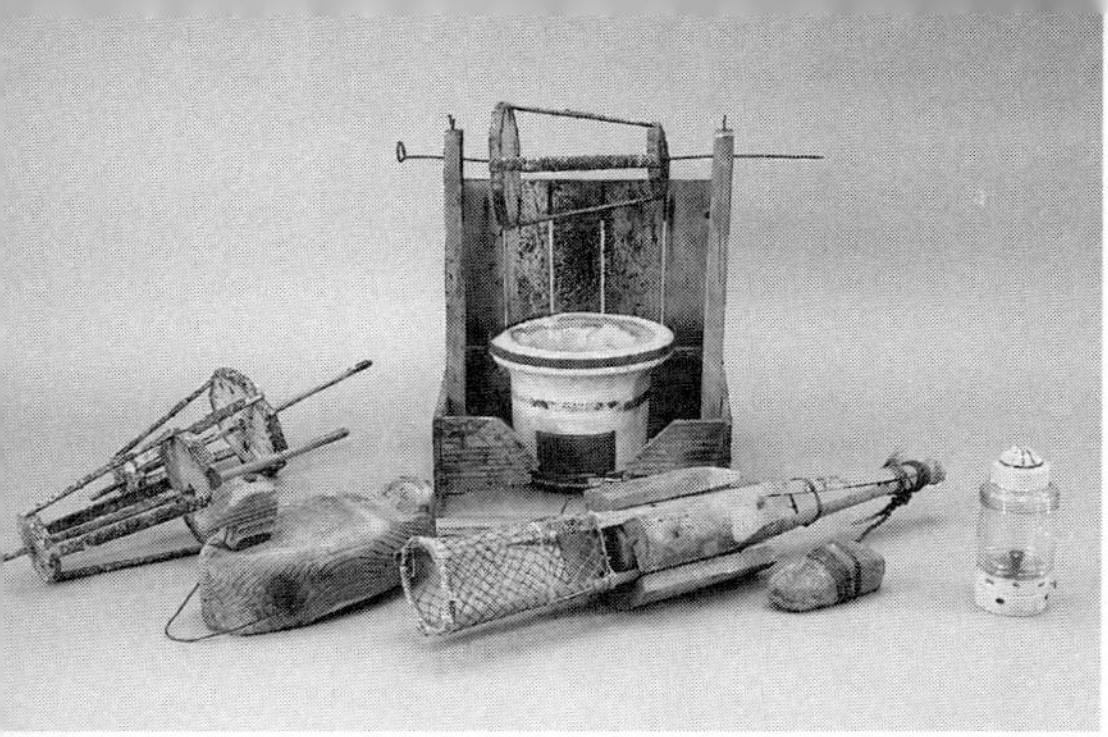

水鳥を捕るのに使った伝統「漁具」の「もちなわ（もちばえ）」。琵琶湖博物館所蔵の民具資料の一つ（用田政晴撮影）

有害駆除も、ある程度はしなくてはいけない。いや、人間がこれだけ手を加えてしまった段階では、駆除が保護のためにも必要な場合があります。うちのおふくろが一生懸命作った畑を、イノシシやサルに全部やられてしまったことがありまして。自然保護の話は、こういうときにおふくろを説得するところから、始るんやと思ってます。（笑）

鳥の「職人」になる

清水　最初にも申しましたように、全国でも私のような立場のものは、まだ少ないんです。県へ今、鳥獣保護センターの設置を要望していますが、建物よりも先に、例えば獣医さんで、鳥獣保護行政にものがいえる人間が、自然保護課の直轄として必要だと思っています。

私は二七年間、ブラウン管を作る特殊な機械の保全をやってきたんですが、機械のメンテナンスでも経験、かんがものをいう部分があります。鳥についても、そういう叩き上げの職人になりたいという、それが夢なんです。

司会　地元で、ずっと経験してこられた、そういう基盤のうえのかんとか知識とかは、いわゆる専門家の調査資料と同じか、いや、それ以上の価値があります。特に、生きものや自然に関しては、じかに接してみないと判らない部分が、たくさんありますから。このごろ自然を考えるときに、「伝統的な知識の集積」が必要だと、方々でいわれているそうですが、本当にそう思いますね。

清水　知り合いからは、「お前、好きなことで飯が食えてええなあ」ってよくいわれるんですけど、この職についてから、現場へ出る時間が却って、うんと減ってしまいました。それに、仕事と趣味の境がないのは、

意外に辛いもんで、楽しみが苦痛になって来たというか。本職になって来た、証拠かも知れませんが。(笑)

川那部　楽しい話をありがとうございました。御活躍を期待しています。

子どもと博物館

（一九九八年四月三〇日、琵琶湖博物館館長室・実験工房にて）

教育開発センター　ディレクター

ベルニー　ズボルフスキー

［司会・進行・翻訳：芦谷　美奈子、翻訳協力：染川　香澄さん］

Berny ZUVORVSKY　アメリカ合州国生まれ。ボストン＝カレッジ修士課程修了。バングラデイッシュやエチオピアで教員指導の後、六九年から九三年までボストン子ども博物館で、展示デザインやカリキュラム開発に取り組み、エクスプロラトリウム（来館者自身が装置を動かす体感型科学博物館）を製作する。現在は、同センター上級科学者。多数の著書があり、『シャボン玉の実験』（さえら書房）などは、邦訳されている。

科学は遊びから

司会　アメリカのボストンには、参加型展示の草分けともいうべき「子ども博物館」があります。ズボルフスキーさんは、この博物館で一九六九年から二三年間に渡り、さまざまな展示を作ってこられた方です。昨晩おそく日本に到着されたところで、お疲れのところを琵琶湖博物館にお越しいただき、ありがとうございます。

ズボルフスキー　私が作ってきたのは、主に物理に関する展示です。中でも、玉をレールの上で競争させる「レースウェイ」と、「シャボン玉」を扱ったものとは、子どもたちにもたいへん人気のある会心の作です。

ボストン子ども博物館にある「レースウエイ」の１例。その他、U字型のレールや、「スキージャンプ（球を遠くへとばす）」などがある（染川香澄提供）

川那部　去年初秋

ボストンを訪れたとき、ひとまわりしたのですが、特に感激したのは、まさにその二つでした。解説などは何もなく、子どもたちが思い思いに遊んでいる。しかし、しばらくすると転がり降りてきた球を囲んで、どの角度で上にとばすと遠くまで行くかなどについて、お互いに議論を始めたのです。現象を見ているうち、物理学の「原理」がおぼろげにわかってきたようでした。

ズボルフスキー　子どもたちは人に指示されなくても、「レースウェイ」で何かを発見します。ある女の子は、レールがU字になった部分でボールを行ったり来たりさせていましたが、そのうちにボールを増やしていき、結果として慣性に関する立派な実験をしていました。

川那部　他のところでは、概念の解説がまずあって、現象が後になることが多いですね。子どもたちは興味を示しますが、続いて内容を考えることにはならないような気がします。その点、ボストン子ども博物館の場合、いろいろな現象を自分で作り上げてみるところから始まっているわけですね

　琵琶湖博物館の「ディスカバリールーム」*も、現象から始めていますが、ただ楽しいだけではなく、遊びがおのずから科学になるように、もう少しならないと、と強く思いました。

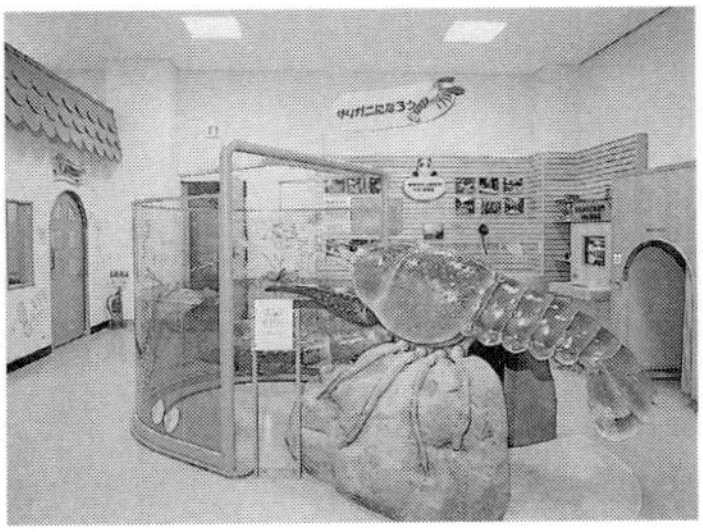

＊「ディスカバリールーム」
琵琶湖博物館にある、子ども用の展示室の呼び名。家族で展示に触れることができる。

司会　ディスカバリールームの展示は、単純な現象ではなく、生物と生物の関係や進化、人の暮らしの歴史や習慣などを扱っていて、何かの原理で表すのが難しいのが悩みの種です。

遊んでいるうちに、博物館全体のテーマへ興味を持って、さらに世界が広がるきっかけになるように、展示にもいろいろと工夫をしていて、いくつかはかなり成功していると思います。さらに良くしていくために、研究中です。

展示の背景にあるもの

司会　ところで、「レースウェイ」のような展示を作る背景には、どのような工夫があったのでしょうか。

ズボルフスキー　私のやり方は、展示で取り上げる現象について、事前に何年も取り組んで見ることです。

まず最初に、どんな現象が子どもや大人の興味をひくかを考えます。そして、「原型」といえるようなものを探します。アメリカやヨーロッパでは、理科の授業は「エネルギー」「生命」「音」「電気」から始まりますが、私の場合はむしろ「波」「影」「車輪」「バランス」などが原型で、そこから始めます。次に、自分で遊んでみて、その現象と「対話」しながら、材料の「感じ」をつかもうとするわけです。それから学校に行って、五週間くらい多くの子どもたちと試してみます。何年かそうやって、やっと十二種類程度が残りますが、その時になって、やっと実験の中に物理や生物の概念を理解する鍵が生まれるのです。

司会　材料を吟味しながら、大きな芸術作品をつくっているわけですね。

ズボルフスキー　私は、科学者であるというより、むしろ芸術家だと思っています。自称は「ブリコラー（Bricoleur）」、つまり「何でも屋」です。もとはフランス語のブリコリュールで、「手当たり次第に何でもものを集める」というようなところから来ています。集めるだけではなくて、形を変えて新しいものを作ったり、修復したりする。人類学者のレヴィ―ストロース*が、「古い伝統的社会の語り部は、さまざまなシンボルや物語を組み合わせて神話や伝説を語る、ブリコリュールだ」と書いていますが、私は、ごく基本的な物理現象と身近で簡単な材料を使って、学習的な体験を作り出すブリコラーなのです。

「美しさ」と「共感性」とがもっとも重要

川那部　ボストン子ども博物館では、「シャボン玉」の展示にも、感心しました。やはり科学的な知識を持たずに遊んでいるうちに、その原理に

*レヴィ―ストロース（C. Lévi-Strauss）
構造主義の創唱者として知られるフランスの文化人類学研究者（一九〇八年〜）。アマゾンの「未開社会」を中心とする研究から出発し、構成要素と要素間の差異関係からなる全体が変換を通じて不変であるもの（構造）を中心に、研究を進める方法論を提唱した。翻訳のある著書に『親族の基本構造』（番町書房）・『野生の思考』（みすず書房）などがある。

ズボルスキーさん（右から３人目）が琵琶湖博物館で行った、シャボン玉を使った実習のひとこま（1998年４月30日撮影）

気づくものでしたね。それに「シャボン玉」の場合、色も形もたいへん美しい。しかもその美しさの中に、いろいろな科学的な情報が隠されているわけです。「美しさ」が大事だと、改めて思いました。

ズボルフスキー　科学教育の美的な側面というのは、これまであまり語られることはありませんでした。しかし私も、科学の美的要素こそが、人を現象に引きつけ、さらに原理やシステムを理解させようとするものだと思います。科学の展示は、芸術の展示でもあります。

以前、アメリカで食紅を水に落とす実験をしたことがあります。こうすると、水中でさまざまなパターンが描かれます。そのとき教師たちの中から、「これは科学ではなく、ただの芸術だ。なぜなら美しすぎる」との反応がでました。（笑）　流体の動きや自然のパターンを知るためのヒントが、この実験には数多く含まれているし、生物や気象や血液の勉強にも応用することができるのですが、理解できなかったようです。

科学で重要なもう一つの要素は、「共感する」ことです。「シャボン玉を吹いているうちに、息といっしょに自分が石鹸膜の中に入ってしまったようだ」と言った少女がいましたが、これが「共感」のひとつです。

司会 琵琶湖博物館の展示には、共感をよぶものや、美的な要素があったでしょうか。

ズボルフスキー 「共感」はもうすでに確立していますね。地域に焦点を合わせているところがすばらしい。湖沼の生態と人の暮らしのさまざまな側面を扱っていて、まず判りやすい。これが多くの人々の「共感」を呼ぶ、その根源ですね。また、「美的」な方へ引き込む要素も、部分的には持っていると思います。

川那部 「湖と人間」というのは、自然と人との相互関係のことです。だから、自然史と民俗史・文化史を分けるのではなくて、そのつながり自身を、つまり「生命文化複合体」を展示しようとしたわけです。もちろん、歴史的に作られてきたものとしてのね。

ズボルフスキー 琵琶湖博物館のそういった姿勢が、特に好きです。現在では、純粋自然のみを取り出すことは、世界中どこでも不可能ですし、そもそも生態系には元来、人が含まれているのですし、人は生態系の一部なのですから。

いま考えていること

司会　ズボルフスキーさんは、展示やワークショップや本を通じて、科学的な面白さをもっと広めようと努力してこられたわけですが、とくに今は、どのようなテーマに興味をおもちなのですか。

ズボルフスキー　私の基本は、一つの現象について数多くの実験を展開し、さまざまな方向から原理を見ていくことです。たとえば『波（waves)』という本には、三〇種類ほどの実験がおさめられています。「レースウェイ」の展示でも、九種類ぐらいの実験ができるようにデザインしました。

学校では、同じテーマでは、せいぜい二日くらいしか費やしません。しかし私の考えでは、六週間は必要です。そうすれば子どもたちは、自分で原理を発見できるのです。私のものを真似ている展示も方々で見かけますが、できる実験はせいぜい二種類ぐらいですね。作った人たちは、展示というものの本質を理解していないのです。

今進めているのは、「池」というテーマです。これも、長い時間をかけてさまざまな点から、池の生態系を調べるものです。小学校から中学校にかけて、三年に一度ずつ三回、同じ池を観察します。最初は魚や貝など大きな生物を、二度目はヤゴなどのようなやや小型の生物を、最後の年は原生動物など微小生物を扱います。しかし現実には、こういった長い期間が必要な学習は、学校ではなかなか取り上げてもらえません。

学校とのさらなる協力を

ズボルフスキー　一つお尋ねしたいのですが、琵琶湖博物館は学校教育とは、どのような関係にあるのでしょうか。博物館と学校と家庭をむすびつけるような理念があるように、感じたのですが。

司会　準備室の段階から、さまざまな調査に直接または間接に参加してもらって、展示づくりや野外活動をおこなってきました。開館してからは、学校行事としての見学も増えています。また、準備期間中から、学校の先生方に学芸スタッフとして一緒に仕事をしていただき、彼らと共同で教師用の解説書も作りました。

それに今年からは、学校との継続的な連携も公式に始まります。まずはモデル校を選んで、交流することになりました。修学旅行も増えてきましたが、ただ見て終わるのではなく、展示の意味を少しでも考えてもらえればと思います。

ズボルフスキー　アメリカの自然史博物館では、「生物多様性プロジェクト」として、全米の学校で生徒が自分たちの地域の生物のリストをつくり、インターネットを使って情報交換することが行われています。予算と人材の必要なプロジェクトですが、こうすれば、室内で工学的技術を使うだけではなくて、本物の生物をまずは野外で観察することから始まります。最終的には、その資料を博物館が回収して、全アメリカの生物分布地図などを作るのでしょうが、学校と博物館との協力の例としては面白いと思います。

川那部　結果の集積はもちろん大切ですが、その過程も重要ですね。

五年後、一〇年後に向けて

川那部　それに、琵琶湖博物館を五年後、一〇年後にどう変えるべきかを、中にいる研究者だけではなくて、多くの人々と一緒に、今年から考え始めることにしました。

ズボルフスキー　それは素晴らしいですね。よい展示やカリキュラムを作るには、長い時間がかかります。そして、人に投資する必要もあります。この博物館から始めて、地域や国を巻き込んで、行動をおこしてください。五年後には、成果を見せてもらうために戻ってきます。（笑）

司会　その時には、活動の幅がいっそう広がって、いろいろな意味でもっと大きな博物館に成長していたいものです。本当にそうなったかどうかは、ご自分の目でその時に確認してください。（笑）

真・善・美は一体

（一九九八年六月九日、東京都千代田区　経団連会館にて）

日本画家、日本育英会　会長

平山《ひらやま》　郁夫《いくお》

［司会・進行：嘉田　由紀子］

一九三〇年、広島県生まれ。東京美術学校（現東京芸術大学美術学部）日本画科卒。六四年日本美術院同人。九五年東京芸術大学学長・教授を停年退官。再度同大学学長に就任し、現在は芸術振興財団理事長・日中友好協会会長・東京芸術大学名誉教授。文化勲章・フランス国レジョン＝ドヌール勲章・韓国修交勲章など受章。国際交流基金賞・マグサイサイ賞など多数を受ける。『仏教伝来』（佐川美術館）・『入涅槃幻想』（東京国立近代美術館）・『大唐西域壁画』（薬師寺玄奘三蔵院）などは代表作。海外での文化財保護活動への貢献も大きい。

司会　一九九八年春に、守山市の琵琶湖畔に佐川美術館*が開館しました。ここには、平山郁夫さんの絵画と佐藤忠良《ちゅうりょう》*さんの彫刻が展示されています。今回は、その平山さんに対談をお願いしました。

不自由の中の自由

司会　平山さんと館長は、ともに昭和一桁の生まれです。この世代は少年期に、価値観の大きな転換を迫られたわけで、逆にそのぶん創造性も高いのではないか、などと想像しているのですが…。その頃の経験を先ず伺わせて下さい。

平山　島の小学校へあがったのが昭和一二年、つまり日中戦争の始まった年ですね。中学は広島へ出て、二年の秋から勤労動員に行かされ、三年の時に被爆したのです。動員で行った陸軍の兵器廠《しょう》も印象深く、今から考えると、そこの兵隊は大学出たての二三〜四歳です。われわれを見て「こんなことをさせられて、かわいそうだな」などと言う。将校にも「英語の本を持ってこい」と、兵器の陰で勉強を教えてくれた人もありました。そして各地で玉砕《ぎょくさい》があって、もうだめだと、おぼろげながら感じたものです。

　絵が好きでしたから、描いていると腹の空いたのも忘れる。運命的に

＊佐川美術館
　守山市水保町にある美術館。佐川急便が創業四〇年を記念して一九九八年に開設した。琵琶湖博物館の四・五キロ北にある。なお近く、楽吉左右衛門さんの陶器の展示が追加される。

（びわこビジターズビューロー提供）

＊佐藤忠良
　彫刻家（一九一二〜）。東京造形大学などに勤める。具象彫刻の第一人者として活躍しているほか、絵本『おおきなかぶ』の挿絵も描いている。

死ななければならないというたいへんに不自由な中で、僅かな時間に自分の自由を見出す。不自由の中の自由なんですよ。極限に追いつめられるほど、自分の頭は最高の状態を求める。何でも出来るっていうのは却って不自由な世界なんですね。

川那部　平山さんより二年歳下なので、全体としては似ているが、全く違うところもありますね。秋から勤労動員に行く直前に敗戦になったのです。京都生まれの京都育ちですから、大空襲も経験がない。ただ、五条にあった自宅の寺が強制疎開に遭い、三日間の猶予で立ち退かされ、軍隊の手で取り壊されます。小学六年の三月のことで、母一人子一人の家でしたから、それはたいへんでした。しかしその時は、悲しみも怒りもないんですね。どうしたら良いかを瞬間瞬間に考えて、実行するだけです。誰といっしょにどうするかではなくて、自分一人でしなければという感じですね。

平山　物作りは、空間もない、自由もない、すべて奪われた世界の中で自分を自由にしていく過程でもあります。時間も制限されているから、その覚悟をしながら、自分でいかに自分を納得させるかです。最後は手に、「昭和二十年何月何日」と書き付けました。死んでしまった場合、こういう私がいたという証拠を残したいわけですね。それが私の原点です。

だから今も、団体行動が苦手です。何でも自分でやる。一人でやる。

川那部 いい意味でも悪い意味でもそうですね。誰かと競争して勝とうという気もない。自分の納得することをやる。周りはいくらか迷惑でしょう。

司会 いくらかなどではありません。大いに迷惑しています。(笑)

美術館・博物館では「試み」が大切

司会 文化財の保護活動などもやっておられますが、美術館や博物館は、社会的に何を期待されているんでしょうか?

平山 琵琶湖博物館はこの湖の生態系を通じて、自然と人間との関わり合いの原則を、自分でいろいろ探り出せるようになっていると、先日見て思いました。日本の場合はこれまで、既成の知識を買ってきて、少し加工して出す、見る人もただ受け止める、というやりかたでした。本当に基礎的な理論・原則は、日本発のものとして構築しなくてはいけない時期だし、そのようなものとして、博物館や美術館の役割は大きいわけです。

今やっている「文化財赤十字」は、民族や時代にかかわらず、優れたものは人類の遺産として守ろうという考えです。作られてしまった単なる「もの」ではなく、人間性というか、それを作り、その後そこに住ん

琵琶湖博物館「人と琵琶湖の歴史」展示室で栗津貝塚の展示を見る平山さん（中央）（1998年撮影）

でいる人もあわせて。

川那部　佐川美術館の作品もまさにそうですが、平山さんは、いつも試みておられますね。有名な大作だけからは判らないような、いろんなお考えが見えて、短時間でしたが、驚きながら楽しく過ごさせて貰いました。

先ほどのお話もそうだったけれど、一人一人はばらばらでないといけない。自分で納得してそうすると、そこではじめて、いっしょになっていく。生物どうしの関係もそうだし、それと人間との関係もそうだと思います。ばらばらだから、長い時間をかけて作り上げてきているのだと。うちの博物館も、見に来た人が、おのおのさまざまに考える。それが大原則なのではないかと思っています。

平山　琵琶湖博物館も、いろいろな試みがなされていますね。一つ一つが自由に。個性と言うのは、何も勝手にやることじゃない。創造的精神は、原理原則を自分で発見すること。外れても構わない、自分でこうやりたいという意志や、求めていく気持ちを一生持ち続けられれば、たとえ失敗しても時間がかかっても、何かを生み出して行くのです。卒業のときに、「何も教えてくれなかったですね」と言った学生がいたけれど、それしかしようがないのです。

司会 それは芸術も科学も共通ですね。

環境が育てる考える子ども

司会 今の世代の子どもたちを、どう見ておられますか?

平山 人間の精神や心が形成される時に役立つのは、緊張感です。それも、物理的力が外から、直接にかかっての緊張感ではなくて、無風状態の中での緊張感ですね。船だったら、そのうち水も食べ物も尽きて死んじゃいますから、何とかして動かそうと考える。結局、どんな環境でもじっとしていたら腐るというか、淀むというか、だから自ら環境を変えて行かないといけない。こういう、どんな場所でも適応性が出てくるのが活力で、これは、学校で先生が教えてくれるというんじゃなくて、やっぱり自分が作っていくんです。自分で考える。これは子供の頃の幼児教育、親の教育でしょうね。

司会　現代という「幸せな時代」が、生きる力を子供から奪ってしまった、ということでしょうか。

平山　教わったことしか出来ないわけです。ものを考えたり、何かを飛躍的に発想するひらめきがなかなか生まれない。幼児期で大切なのは環境ですね。特に記憶が残らない時代の環境。子供が自主的に興味をもつような絵本を置いたり、素材を与えて何に興味を持つか、子供の感性を観察する。そういう遊びを介しての、親の教育です。私の場合なら瀬戸内海の四季の移り変わりを見たり……。色とか質感とか発想とか、そういう幼児期の体験が今に影響している。

川那部　私は二歳半のときから母と二人だけでしたから、特にそうだったのかも知れませんが、幼児期の環境に、家族だけでなくて、いろいろな周りの人たちの存在が大きいですね。子どもどうしの関係も重要だった気がします。「がき大将」がいたりね。よくいじめられたけれども、別の子がやり過ぎると、諫《いさ》めたりもしてくれていました。そういう、子供同士の環境が希薄になって来ていますし、それに、取り込んで遊ぶ周りの自然が、ほとんどなくなったのが大きい問題ですね。いや、田舎でも、自然と関係した遊びが少なくなっている。

平山　私も、周囲の環境を見て育ちました。潮の流れを見て、東へ行けば満ち潮、西へ行けば引き潮とかね。そのうちに、満月のあとは満潮の水位が高いなどということに気がついて、月といろんなものとは関係があることが判る。海に潜ると、水圧のことや魚の色やいろいろありますね。子供でもやっぱり考えるわけです。なぜか、なぜか、という疑問がいっぱい湧いてくる。そしてどうしても外へ行きたいという気持ちが生じて、島から外へ出る。そこで道はどこへでも通じているんだと体験する。それをいわば、三〇年後に実現していったんです。行き先が砂漠になったりね。

川那部　ヨーロッパにしてもシルクロードにしても、そこに住んでいる人々が、やっぱり違うと実感されて来るわけですね。ひょっとすると子どもの眼ででしょうか。（笑）そこでまた…。

平山　興味が出てくるわけです。子どものときから、漁師さんや大工さんやミカン作りの人の話を聞くのが好きだったし、じっと眺めているのもね。潜水夫が潜るとかはほんとうに興味津々で、目を皿のようにして見ていました。島だから、自動車なんか一台もなく、焼き玉エンジン*の巡航船が着くと、重油が文明の臭いでした。

司会　それが、今も続いておられる。

*焼き玉エンジン
　圧縮室の一部の焼き玉の部分を赤熱し、これに圧縮した燃料を接触・爆発させる内燃機関。かつて漁船において広く使用された。

真善美は一体

司会　最後に世紀末ということで、次の世代に伝えなければいけないというようなことを一言、ございましたら何か。

川那部　そう言うのは、いちばん苦手なのですがね。（笑）私が子どもの頃は、例えば美術全集でも、ほんの二〜三ページがカラーで、原色図版といいましたが、あとは白黒でした。それでも、自宅にあったのを何度も、食い入るように眺めていました。西洋美術の本物を見るなどは、思いもかけないわけですから、それへの憧れですね。

佐川美術館へ伺って、作品に感動するとともに、もう一つ、シルクロードへ憧れました。私が伺ったときは、残念ながら、子どもの観客はいなかったようでしたが、本物のすばらしさに打たれるとともに、別の憧れをいざなうものになっているのですがね。いろんなものが今は、ありすぎるんでしょうか。（笑）

平山　広島の生家に、「瀬戸田町立平山郁夫美術館」というのを作ってあるんです。この島の子どもは、ペーパーテストで学力をみれば、都会の子どもに圧倒的に負けますが、自然という天から与えられたものがある。自然を感じる心を子ども時代に身につけていると、徐々に速力が増してきて距離が出るものです。政治や経済、あらゆる分野についても、やはり自然を観察して、そこから感じることが大切です。宗教にしても科学にしても、文化のあらゆるものが自然を忘れてはいけない。そこから学ぶ姿勢を持ってる。そういうことをわかってもらおうとした美術館なんですよ。

川那部　それはぜひ一度、伺いたいですね。

平山　真・善・美は一体なんです。今の時代は、それがバラバラにされています。バランスのとれた、真・善・美、知・情・意、こう言う人間の最低限の心を学べるような、初等教育・中等教育があれば良くなると思うんです。科学技術でも優れたものは美しいんですよ。飛行機でも船でも。

川那部　ほんとにそうですね。琵琶湖博物館もそうなりたいのですが、美しさはちょっと足りないかな。（笑）

平山　いや、なかなかのものです。魚の生態にしても、生きて行くのは美しいんですよ。すべてのバランスをとらなきゃ生きてはいけない。死ねば汚い。だから、自然とともにすばらしい世の中を作っていく、共存共栄が必要なのです。

司会　今日はどうもありがとうございました。

農業と環境——これまでとこれから——

（一九九八年一〇月一七日、琵琶湖博物館ホールにて）

農業エッセイスト、県立宮城大学　講師

アン　マクドナルド

［進行：水上　二己夫］

Anne McDONALD　一九六五九年、カナダのマニトバ州生まれ。ブリティッシュ＝コロンビア大学東洋学部卒。高校在学中から日本に留学し、とくに熊本県での農村暮らしを経て、世界各地の農山漁村を体験取材。現在は県立宮城大学国際センター助教授。『日本の農漁村と私』（清水弘文堂）・『カナダの元祖。森人たち』（礒貝浩と共著）・『環境歴史学入門』（ともにアサヒビール）などの著書がある。

日本の農村に住みついたわけ

マクドナルド　グッド＝アフターヌーン。カナダの中央のマニトバ州で生まれ育った私が、日本の農村に住みついている理由ですが…。私は子供のときから、父の仕事で、スウェーデンやメキシコにもいました。高校に進学したとき、これらとは違う言葉・文化・世界観のところへ行ってみたいと、交換留学生を希望したところ、たまたま日本に来ることになりました。一九八二年のことで、大阪府河内長野市の高校に一年間通いました。その時は、身振り手振りばかりで過ごして、毎日芝居をやっているような感じだったわけです。そこで八八年に今度は大学生として、九州の熊本で一年間、日本の文化・歴史や国際政治学を学びました。

戦後日本が歩んだ道に興味を持ち、どうして日本はこういう急激な変化を遂げたのかを、知りたいと思いました。都会では「すばらしい成功」という言葉ばかりを聞くのですが、光の裏には影もあるんじゃないか。経済的成功を得たけれども失ったものもあるだろう。それを追求したいと思って、農村を訪ねたのです。

熊本でのイグサ植え、畳表《たたみおもて》にするイグサ*ですね、これが私の「農村入門」でした。機械化されていない農作業をやりながら、体でいろんなこ

＊イグサ
標準和名はイ。湿地にふつうのイグサ科の多年草。水田に栽培することも多く、茎は畳表のほか花ござに、髄は灯心《とうしん》にする。

とを覚えました。おじいさん・おばあさんの話も聞いて、その生活の知恵に魅せられました。そして八九年の冬に、長野へ行きました。国籍・学歴を問わず、農村の仕事をしたい人は誰でも入れる施設です。そこで私は、生まれてはじめてニワトリも殺しました。

その頃興味を持っていたのは、「明治生まれの農家と職人」です。学者の目からではなく、日本の命を支えて来た人たちの目から見た、戦後の変化を知りたかったのです。そこで書いた卒業論文が、六年前に『原日本人挽歌《レクイエム》＊』という本になりました。私の最初の本です。職業として農業をする才能はないと判ったので、その後は、現場の声を拾って広めるパイプ役になろうと、努力しています。

＊アン・マクドナルド著『原日本人挽歌』（一九九二年、清水弘文堂発行）

土と水にどっぷり浸かる日本の農業

川那部　カナダは飛行機で飛ぶばかりで、地上を横断したのは、汽車で一度だけなんですが。（笑）ロッキー山脈を越えて東へ行くと、平原以外に何にもない。農業と言っても大分違いますね。

マクドナルド　本当に何にもないところです。マニトバでは、地平線まで麦畑が拡がっているだけで、車で二〜三〇〇キロ走ってもずっと同じ景色です。日本にはじめて来たとき、東京駅から新幹線に乗って、「大阪駅ですよ、降りなさい」と言われた時、「えっ、東京をまだ出てないんじゃない?」って思ったんです。ずっと建物がつながっていたし。(笑)

川那部　広さの問題がまず違うし、それに日本の農業は、水との関わりが強いですね。カナダは逆に乾いた土地で、ムギと牧草ですか。

マクドナルド　父はウクライナ系の開拓者の長男で、牧場をやっていました。子どもの頃夏休みには父の実家に行き、少しは手伝ったりもしました。しかし祖母の野菜畑だけは別として、タイヤだけで二階建ての家ぐらいの高さのある、大きい機械を使っていました。だからあまり土と接することはなくて、非常に距離があるんです。ところが田んぼでは、特に女性ですから、機械にあまり乗らない作業が主になります。泥に入って、ゾウみたいに歩きましたが、ほんとに「どっぷり浸かっている」感じですね。

川那部　自然に直接触れずに、大きな機械を介在させるのが、日本の農業の理想像だと、しばらく前までされていたようですが、アンさんのご意見は?

マクドナルド　いろんなかたちがあって良いんじゃないでしょうか。一つのやりかたが行き詰まった時に、他の選択肢があった方が良いと言う意味でも。いま住んでいる東北でも、活発な議論がされています。「生き残るには規模拡大を進めなくてはいけない」という意見に、今のところ賛成する人が多いようですが、地理条件に合えば、それも良いんじゃないでしょうか。ただ、全部同じになるのには、大きい疑問・抵抗があります。

川那部　では逆に、カナダでも土に触る方向の動きはあるんでしょうか?

マクドナルド　ええ。規模を拡大すればするほど大資本が必要になって、農業をできるのはお金持ちだけになってしまいました。それへの反省として、小規模経営が議論されています。有機栽培に取り組む動きも、西海岸とオンタリオ州で活発で、評価され始めてもいます。

若い人たちは舌が「音痴」

川那部　日本にはもう、何年いらっしゃるんでしたっけ?

マクドナルド　滞在期間を合算すると、もうすぐ一〇年になります。

川那部　私は食い意地が張っているので、すぐこういうことを聞くんですが。(笑)　主に何を食べてられますか?

マクドナルド　朝は、パン・果物・ヨーグルト・ジュースです。昼は、自分で炊いた御飯の弁当を持って行きます。夜はいろいろで、パスタの日も、焼き魚に米と味噌汁の日もあります。日本食はだいたい五〇%ぐらいでしょうか。

川那部　日本の若者に比べて、日本食の割合が高いかも知れませんね。それはそうと、周りの人と食べものの話をされますか？　日本人の食物は最近、風土との関係が薄れて来ているようですが。

マクドナルド　若い人たちは、舌が音痴ですね。（笑）　大学で本当にびっくりしてるんですけれど、ポテトチップスとか、日本に入って来たアメリカの変な食文化の味に慣れて、米にしても、これがおいしいという判断がありませんね。大学に入るとコンビニ生活ですし。舌が「疲れ」てしまわないかと心配するんですけど、学生は全く平気ですね。（笑）

川那部　私は、京都生まれの京都育ちですが、ダイコンにもいろいろ違う味のものがありました。風呂ふきにするのはこれ、おろしダイコンにするのはあれなどとね。最近は一つになってしまって、辛いおろしが食べたくても、ないのです。

マクドナルド　最近、農家の人たちが農産物を持ち寄って売る、ファーマーズ＝マーケットが出来ましたね。もしかしたら、そうした世界が復活するんじゃないかと、思うんです。大都会の言いなりに、農村からものが移動するだけでしたけれど、これからは作る側の主張も出てくるようになると、期待しています。

川那部　琵琶湖の周囲の水田は、以前は梅雨の頃には、一続きになったのですよ。フナやナマズの仲間は、そのときに田んぼに入って産卵をしました。多量に捉えて塩漬けにし、御飯に漬けて発酵させたのがふなずしです。しかしこの食文化も、湖と田んぼあるいは内湖との関係が切れて、いまや息も絶えだえです。

マクドナルド　昨日、沖島でふなずしを頂きました。私は好きですね。一昔前までは一般の人たちが食べていたのに、今はもう贅沢品ですね。でも、コンビニ食の若者には、味が判るのでしょうか。

コンビニ型から手作り弁当型へ

川那部　研究者になった当初、琵琶湖はなかなか難しいから逃げて(笑)、山陰の宍道湖《しんじ》・中海・美保湾*で調査をしたことがあります。海から季節的にさまざまな魚がやってきますから、漁師の人たちはありとあらゆる漁法を使っていました。この季節に何を獲るには、網をどこへどう入れるべきか、延縄《はえなわ》はどう張るか、さまざまな知識が集積されていました。けれどそのうちに、魚の種が減り、食文化も単調になって、伝統的漁法が失われて来たのです。同様に、ひょっとしてそのうちに、農業の技術

*宍道湖・中海・美保湾　島根県と鳥取県の間にある、西から東へこの順に並ぶ一連の水域。一九五〇年代から宍道湖・中海の淡水化・干拓計画が進められたが、途中で破棄することになり、中海の水門も取り壊し中である。魚介類が豊富。

も無くなるのではないか。田植えの出来る人は、無形文化財保持者に指定しなければ…。

マクドナルド　ムケイ…?

川那部　祭りとか踊りとか、ものとして残らない文化を伝承している人です。魚の習性を見事に利用して刺網《さしあみ》を入れる漁師さんとか、田植えを見事に行なう人は、そのうちほとんどいなくなって、国が無形文化財に指定して、守らないといけなくなるのではないか。(笑)　いや、冗談ではなく、本当にそう思うんですよ。各地にはそれぞれ、その土地に適した方法があったわけで…。これからの農業や漁業の発展のためにもね。

マクドナルド　そうですね。昔のままを保存するだけには無理があると思うんですが、伝統的な良いものを新しいものと混ぜて行く必要があると思います。棚田で実際に植えてみたら、昔からそれを維持してる人のことも考えられます。整備はある程度行なわなければいけないですが、戦後やってきたように、どこでも同じやりかたでは駄目です。私はこれを「コンビニ型」と呼びたいのですが、今後は「手作り弁当型」、つまりそれぞれ違った整備をするべきじゃないかと思うんです。昔のものを残しながら、新しいものを作って行くのが、少なくともこれからは重要だと思います。

川那部　今日は朝から、琵琶湖博物館を見て貰ったのですが、「褒めるのは不要だから、悪い点を指摘して欲しい」と申しました。そうしたら、「悪いほうは、もういっぺん改めて見てから」と逃げられてしまいました。（笑）　そこで、近いうちに是非もう一度見て、意見を頂きたいと思っています。しかし考えれば、何度も見、そこに根を下ろすことで、建設的な批判が出てくるわけですね。アンさんは、一〇年近くの日本滞在、特に農村への滞在の結果として、農業に対する的確な意見を、今日も述べて頂きました。ありがとうございました。（拍手）

琵琶湖博物館〈田んぼの会〉の自然観察会
（1999年８月22日撮影）

琵琶湖と中国

（一九九八年一二月二二日、琵琶湖博物館企画展示室・館長室にて）

古生物学研究者、北京自然博物館　古生物第二研究室長

関《グアン》　鍵《ジェン》

［司会・進行：高橋　啓一、翻訳：滋賀医科大学　黄　杰さん］

GUAN Jian　中華人民共和国生まれ。新生代の哺乳類化石の専門家で、中国古脊椎動物学会常務理事・中国古生物学会地層古生物部会副事務秘書長などをも務めた。現在はカナダで博物館関係の合弁会社を設立し、上海科学技術博物館・内モンゴル博物館などの設立にも携わっている。

司会　私どもの博物館の第六回企画展示は、「絶滅と進化、動物化石が語る東アジア五百万年」ですが、ここで展示する骨格化石のかなりの部分は、中国の「北京自然博物館」からお借りしたものです。その組立準備のためもあって、四名の研究者あるいは技術者の方に、わざわざ来て頂きました。今回の対談のお相手は、その古生物第二研究室長である、関鍵さんです。

川那部　このたびは、わざわざ琵琶湖博物館まで出向いて頂いて、ありがとうございます。毎日組み立ての指導をして頂いたおかげで、ほとんど完成しましたね。

関　こちらへの到着が遅れたものですから、少し心配しましたが、あとはもうお任せするばかりになりました。

はじめて海を渡った化石たち

川那部　目の前にある、入り口にいちばん近いところの化石ですが、なかなか変わったゾウですね。まるでくちばしが飛び出しているような感じですが…。

関　これは北京から西へ一二〇〇キロほど離れた、中国のほぼ中央部にある寧夏《ねいか》回族《かいぞく》自治区*で、一五〇〇万年前の地層から、昨年の六月に発見

***寧夏（Ningxia）回族自治区**
中華人民共和国北部の高地にあり、回族（イスラム教徒）が人口の三分の一を占める。降水量は少ないが、昔から黄河の水を灌漑に用い、農業・牧畜業が盛んである。

されたばかりのものなのです。私もまだ、きっちりとは研究していない標本で、プラチベロドンゾウと言います。下あごがシャベルのように平たく牙として突出しているのが特徴です。水辺に生息して、ハスなどを食べていたのではないかと想像しています。その向こうに見えるのは、シノマストドンゾウですが、これはこの種の最も良い標本なのです。このほか、世界でただ一つしかない標本も、今回は何点か持ってきています。とにかく、このシノマストドンゾウと向こうにあるマンモスゾウ以外のすべての標本は、中国国外には今まで出たことのない標本なのですよ。

司会　日本でこんなにたくさんの中国産哺乳類化石を、一度に見られる企画展ができるとは思っていませんでした。これらの中には、日本から近縁な種の発見されているものがたくさんありますから、大陸から島への動物相の移動・変化を考える時にも、重要な内容の展示だと思っています。

シノマストドンゾウの化石。1999年開催の第6回企画展「絶滅と進化」の展示。右端が関さん

関　高橋さんとは、共同研究を進めている仲間ですから。

司会　琵琶湖博物館では、数年前から「東アジアの中の琵琶湖」という総合研究を行っているのですが、今回の企画展示では、その中の私どもの研究の一部をそのまま、楽しめるように紹介したつもりです。多くの方に見て貰って、骨化石のファンを作りたいものです。

化石が語る中国と日本

川那部　関さんは、アメリカのアイオワ大学などへもしばしば行かれて、ときには長期間滞在されているとも聞いていますが、御自身はどんな研究をされているのですか。

関　私は、もともと新第三紀と言う二三〇〇万年前から二〇〇〇万年前ごろの哺乳類化石を研究していたのです。例えば、先のプラチベロドンもそのひとつです。しかし今はもう少し古い時代の哺乳類化石や、アメリカとの共同研究では、ゾウなどがまだ地球上に出現しないさらに古い時代の、例えば、恐竜が全盛だった時代に生きていた、小型の哺乳類の化石も研究しています。今回、この企画展に展示する標本の中にも私の研究している標本も多く含まれています。特に、この展示の最初の部分にある中新世という時代がそうなんです。

川那部　高橋さんは、もうちょっとあとの時代が本職でしたっけ。

司会　私は、五〇〇万年よりも新しい時代の哺乳類化石を扱っています。琵琶湖が誕生してからちょうどこれくらいなので、この地域の化石を研究していると必然的にこの時代の哺乳類化石を研究することになるんです。琵琶湖地域でもそうですが、日本中見渡しても大型の陸上哺乳類化石の中では、ゾウの化石が最も多く発見されています。そこで私はこのゾウ化石を使って、大陸と日本の動物相を比較して、その変遷を研究をしてるんです。例えば、琵琶湖地域からは、五種類のゾウ化石が発見されていますが、それらは臼歯や体の骨の一部で、非常に断片的な資料にすぎません。ですからこれらの資料をいくら眺めていてもその意義は少しもわからないんです。

ところが、同じ種類のゾウ化石は、中国から保存の良さも量も日本よりはるかに良いものが発見されているんです。この中国の化石を調査することで、琵琶湖地域の断片的な化石の起源や移動経路、進化の様子など様々なことを考えることができるようになります。他の地域と比較することで初めて断片的な琵琶湖地域の化石でも意義がでてくるんです。今回の企画展もそんなことを知っていただきたくて計画してみました。

絶滅と進化

川那部　こうして見ますと、ここに展示されている七〇点以上のほとんどは、もう絶滅してしまった動物ですね。またゾウ化石だけをとっても、このようにさまざまな種がいることは、まさに進化の多様性を感じさせます。関さんはこういった化石を研究されていて、絶滅と進化についてどのようにお考えですか。これは、今回の企画展示のタイトルにもなっているわけですが…。

関　実際には、私は中国の化石、特にプラチベロドンゾウのような化石を研究しているだけなので、大それたことはいえません。私にいえることは、このプラチベロドンの化石が、沼の堆積物の中からだけ発見され、その上下の、沼でなかった時代の堆積物からは、いっさい発見されないということです。このことは、このゾウが沼のような特殊な環境でだけ生息していたことを示しており、洪水や日照りなどの自然現象によって死滅していったと考えています。こういう一つひとつの事実を調べながら私たちは、絶滅と進化の原因を探っていきます。

司会　ここに展示されている化石たちの時間スケールとは異なりますが、現在の琵琶湖の中でも、絶滅や分化は起こっているわけですね。

企画展「絶滅と進化」を見学する子どもたち

川那部　生物の進化・絶滅や大地の運動は、一般に長い時間をかけてゆっくりと起こっているものですから、私たちの生活を取り巻く普通の時間単位では、なかなか気付かない変化ですね。しかし、今地球上で起こっている絶滅の速さは、恐竜が滅びた中生代末のそれに比べて、三桁高く、もちろん地球の歴史が始まって以来桁外れだと言われています。琵琶湖にいる生き物たちも、人間の起した環境の変化や他所から持ち込まれた外来種の影響で、かなり多くのものが絶滅に向かって進んでいます。早速に何とかしないといけません。いや、現在も新しい種が生まれようとしているわけで、それを進める方向へ力を貸さないと、ほんとうはいけないわけです。

私たちは、この企画展示が教えてくれる過去の出来事を鍵として、私たちの身のまわりにいま起こっていることがらを鋭く読みとる目を鍛えて、未来を考えていくことが必要ですね。

新しい試みの博物館に感動

川那部　それはそうと、関さんは世界中のいろいろな博物館を見ておられますが、琵琶湖博物館を見られての感想はいかがでしょうか。とくに辛口のご意見を歓迎するのですが…。

関　実は、昨年もこの博物館を訪問していますので、今回は二回目になります。今まで見てきた一〇〇近くの世界の博物館の中でも、たいへん大きい特長がありますね。いろいろな方向から見られる水族展示やゾウの下をくぐれる展示、そのほか新しい試みがたくさんされていて、すばらしいと思います。まちがいなく、世界の最高の博物館の一つにあげることができます。ただ、標本の数が少ないのが残念ですね。特に自分の専門の骨の化石については、収蔵庫にもあまり集められていません。

川那部　この博物館では、すべての標本をここに集めるのではなく、標本の発見された地元に置いておくのがいちばん良いとの考えに立っています。ですから、地元できちっと保存できるなら、そこで見に行けばよいという考えで、例えば琵琶湖の北東部の多賀町で発掘されたゾウ化石は、多賀町に置いてある*のです。しかしそれにしても、関さんのおられる北京自然史博物館などにくらべれば、確かにずいぶん少ないですね。

＊多賀町に置いてある
　一九八九年発見のアケボノゾウの全身骨格は、多賀町立博物館・多賀の自然と文化の館に収蔵・展示されている。

こう言う収集は、これからもずっと続けていく仕事です。今は開館して二年ほどですが、一〇年目ころには展示なども作り替えなくてはいけません。そのためにこれからも、どんどんご意見を下さい。

関　北京自然博物館との共同研究なども、是非お願いしたいですね。共同研究をすれば、琵琶湖の周辺から発見される骨の化石を考えるうえで重要な中国の化石も、きっとたくさん収集できると思いますよ。（笑）

川那部　日本の動植物は元来、中国大陸の分身と言ってもいいわけで、中国の博物館との共同研究は大切ですね。

司会　ありがとうございました。

自然と触れ合う

（一九九九年二月六日、高島郡朽木村
朽木いきものふれあいの里にて）

県立朽木いきものふれあいの里　指導員
来見《くるみ》　誠二《せいじ》

［司会・進行：布谷　知夫］

一九五七年、徳島県生まれ。滋賀大学大学院教育学研究科修士課程修了。それ以後、滋賀県高島地方を中心に、中学校教師として活躍する。一九九八年から二〇〇一年まで朽木いきものふれあいの里に勤めた。現在は高島市立今津中学校教諭。

雪の上に、動物どうしの関係を見る

川那部　一面の雪景色ですね。

来見　生きものに触れ合うにも、なかなか良い季節ですよ。この施設は、展示もしていますけれども、周りにある自然とその見かたの紹介が主です。まずはこれを足に付けて、そのへんをご一緒に歩き回りましょう。今朝も、動物どうしのあいだに起こったあるイヴェントを見つけましたから。

川那部　輪かんじき*ですね、これを着けるのは久しぶりです。新雪の上をこれで歩くと、ほんとうに気持が良い。

来見　このあずまやのところです。ほら、向こうからネズミの足跡が来ているでしょう。あそことここの腰掛けの下で二度方向を変えて、そこで手すりにいったん跳び上がって、降りてすぐにまた、鋭角に方向を変えている。そしてここで大きく跳びはねて、その次は消えている。こちらから来ているのはキツネですね。ここで交わって、あとはキツネの足跡だけが向こうへ続いている。こういう劇的な状況もここでは、注意していることときどき見られるのです。

*かんじき　木・竹・蔓を輪にしたもの。雪中に足を踏み込まないために、靴の下に履く。

「生の自然」と「生の人間性」のふれあい

司会　「朽木いきものふれあいの里」は、全国にいくつかあるものの中でも最も初期につくられた施設で、全国のモデルになっています。来見さんはここで、ずいぶんいろいろな観察会や事業をやっておられるのですね。

来見　私はここでは指導員と呼ばれているのですが、もう一人の指導員と所長との三人でやっています。それぞれの性格を生かした活動でして、

輪かんじきをはいて野外へ出かける

「これはシカです」と、木の幹についた痕跡を示す来見さん

「雪の上の小動物の足跡から、いろんな想像をするのが楽しい」と言う来見さん（いずれも1999年２月６日、いきものふれあいの里にて）

観察会のテーマも、毎回違います。自然は全体としては同じでも、旬のものを味わうのが一番なわけで、したがって個々の内容や見る角度はいつも違うわけです。観察会はお客さんあってのものですから、良い反応があればやっぱり楽しいですし。言いかえると、「お客さんと指導員の展示」に近いんです。

川那部　はははは。人間どうしの「関係」の展示ですね。

司会　最近は、環境教育が大切だと言う意見を良く聞きます。ところが何をしているかというと、動物愛護やゴミ集めであったり、そうかと思うといきなりオゾンホールや世界規模の環境破壊の話になったりして、自分の生活と結びつくところがわかりにくい。それはきっと身近な自然を意識したくらしができていないからだろうと思うんです。自然と離れたところで自然について論じても無理がありますよね。その点ここでは「生の自然」があるからこそできるような、そう言ったプログラムを進めておられますね。

来見　環境教育では確かに、「生の自然」も大事です。でも、それ以上に「生の人間性」とでも言いますか、人間の生きかたみたいな部分がいちばん大切じゃないかと、私は思うんです。自分で物事を決定し、判断して行動するような力、それができていないと、どんなに技術がわかったとしても、自分の身の周りの環境問題を解決することは、できないのではないでしょうか。

昔の人は、自然の中でちゃんと生活して来たわけですよね。年とった人々は、いまの子どもやらよりはよっぽど生の自然に親しんで生きてきたはずです。しかし、その大人たちが環境問題を起こしました。そして、自然を知らない子どもたちが、それを解決せなあかんわけでしょう。だから、どうして問題が起こったのか、どこが間違っており、足りなんだのかと言うことをしっかり考えて、どうつくり直して行くかが環境教育やろうと思うんです。口幅ったいですけれども。

川那部 いやいや、素晴らしいことです。自然観察自体も、自然のことだけではなくて人との関係から入って行かなければならないと言うのが、本当です。

人にとっての自然、地元にとっての自然

川那部 来見さんは、このあたりの出ですか。

来見 いや、徳島生まれの大阪育ちで、それから大津、そしてこの近畿のいちばん北まで北上して来たのです。滋賀大を選んだのは、横に瀬田川があって、毎日釣りができるからでした。

川那部　そのときの魚は、どうしました？

来見　友だちと二人で、みんな食べました。食べんとわからんと思うんですよ、魚のことは。「殺すのは可哀相や」と言うので、放す人がこの頃多いけれども、鰓《えら》が傷ついたり、鱗や粘液がやられて、大部分は結局死んでしまいます。だいたい、命を玩《もてあそ》ぶのは良くないことで、食べると命がつながるのではないでしょうか。それに全部食べようと思えば、たくさんは釣りませんし。

川那部　その意見は、大賛成ですね。

司会　このあたりは、自然が豊かなだけではなくて、地元の朽木の人や集落自体が元気ですね。ここの施設は「自然観察施設」ということになっていますが、本当に多くの人が望んでいるのは、おそらく自然を見ることだけではなくて、この朽木という集落に昔からくらしてきた人達がつくり出してきた、自然とその自然を活用したくらしぶりだろうと、思うんです。各地で行なわれている自然観察会も、自然だけを観察するのではなく、人のくらしとの関係を考えるような方向にかわりつつありますね。いまの来見さんのお話のように、地元の文化などが観察会にうまく生かされると、いっそう面白い展開ができると思うのですが、そのあたりはいかがですか。

来見　そういうこともありますね。また逆に村にとっては、他所からたくさんの人がここの自然を楽しみに来るということ自体が、良い状態になるのです。自分らにとっては「あたりまえ」のものなんやけど、それがものすごく価値があるらしい、というのが、はっきりわかるわけです。
　そして、あたりまえの自分たちの生活が、これまた実はものすごい意味があるんやとそんなこともわかって来て、自信をもってやって行けるのです。それぞれ工夫して、ここをちょっと変えようかなどと思いながらやると、もっと楽しくなりますし。

自然と来館者とのあいだを取り持つ博物館

川那部　琵琶湖博物館は、「ほんものは琵琶湖とその周り」であって、建物のなかにあるのは「その入口」と言う考えなのですが、あの大きさになると、それを本格的に示すことはなかなかたいへんです。そういう点ではここは、小さいことをむしろ積極的に活かして、みごとにやっていらっしゃる。そこは、たいへん羨ましいところでもあります。
来見　ええ。中の面倒はあまり見なくても良いと言うのが、かえって良いんです。こういう小さい建物には、人がおったらそれで良いんですよ。その人を訪ねて来る人があって、その人のそのときの考えで説明しながら、自然と触れ合って貰うのです。

川那部　本当にそうですね。この「ふれあいの里」は、博物館とは呼ばれていませんが、考え方としては共通したところが多いですね。琵琶湖博物館も、ここのようないろいろな施設を使わせていただくことを考えないといけません。

司会　そうなんです。ここでならばできるけれど、琵琶湖博物館ではできないことも多いんです。県内には、ここの他にもいろいろな施設がありますから、ネットワークをつくって行きたいと思っているんです。

来見　ここはわりと、森林がしっかりしているでしょう。落葉の層も厚いですし。それで奥のほうには、イノシシのぬた場*になっている場所なんかもあって、雨が降らなくっても水があります。つまり、「このあたりから川が始まっている」というような場所が、何か所かあるのです。そこからずっと降って、琵琶湖まで下りていくと、川の仕組みが結構良くわかります。こういうことは、一緒にやると面白いことになりそうですね。これまでは、上流の部分はここで実際に見ても、下流や琵琶湖自体のことは、お話でやっていたんですけれども。

司会　ぜひこれから、一緒に事業をやらせていただければ良いなと思います。今日は貴重なお話を聞かせてくださって、ありがとうございまし

＊ぬた場
　イノシシなど大型の獣が、体についたダニなどを落とすために、転げ回って泥を浴びる場所。ぬたは本来、沼地や湿田を指す。

た。

川那部　和かんじきで歩きながら、お話ができて、とくに有意義でした。帰りには温泉、たしか「杤木温泉てんくう」という名前でしたね、あそこへも入れて貰って来ます。

琵琶湖と丸子船

（一九九九年二月二〇日、大津市本堅田
松井三四郎氏宅にて）

船大工　松井《まつい》　三四郎《さんしろう》

船大工　松井　三男《みつお》

［進行：牧野　久実］

一九一三年、大津市（旧志賀町）生まれ。一二歳の頃から大津市堅田の造船所で修行を始め、二〇歳頃から棟梁を務める。丸子船の建造技術を知るほぼ唯一の船大工であった。二〇〇六年逝去。

一九四七年、大津市生まれ。三四郎さんの長男。主に鋼船やＦＲＰ（繊維強化プラスチック）の船を手がけてきたが、琵琶湖博物館展示用の丸子船建造にあたって、父三四郎さんを手伝い、建造技術を継承している現在唯一の人。

松井さんによって、丸子船は復元された

司会　琵琶湖博物館のB展示室の中央にある、松井三四郎さんとご子息の三男さんの作られた丸子船は、ずっとたいへんな人気です。展示交流員にいろいろな質問も出す人もおられますし、感想を書いて下さるかたもたいへん多いのです。

松井三四郎　あれは、もう七年ほど前になりますかなあ。何度も来てくれはって、契約をしたのが暮の一二月やった。春になると、木が水吸い上げよって弱くなるので、お正月に木を伐ることになって、牧野さんやらにも山へ来てもろうたんでした。大原《おおはら》から二里あまり奥の安曇《あど》川上流の百井《ももい》（京都市左京区）へ。雪の深い中で伐って、二月のかかりに山から下ろして来たんですわ。

　丸子船を作るときは、何よりも長い大きな木が要るんですわ。それも年の経った、中身の良う詰まった木がね。スギを縦に半分に切った重木《おもぎ》*が、丸子船には両脇についてる。これがまず大事なんですわ。これが小さかったら小さいで、ふりかけ*を広うするとか、敷《しき》*の幅《はば》を拡げるとか、いろいろ考えんならん。つまり、「重木」が中心です。それに、良うひねた赤身の多い木を選ばんならんし。

*重木（面木）
一般には、和船の船底部材を言うが、琵琶湖の丸子船の場合は、舷側材を指す。

*ふりかけ
重木と敷とのあいだの材のこと。

*敷
船の底にあたる部分の材のこと。

丸子船にする木をみずから森で選び、切り出そうとする松井三四郎さん（1993年３月、京都市左京区の百井にて、用田政晴撮影）

川那部　木を選ぶところからだったのですか。たいへんなご苦労でしたね。それはそうと、松井さんが丸子船を前に作られたときから、どれぐらい経っていたのですか？

松井三四郎　六五〜六年前、私が二〇か二一歳ぐらいですわ。

司会　丸子船作りの道具を、ずっと残しておられましたが、いつかこういう機会があるかも知れないと、思っておられたのですか。

松井三四郎　いや、こういうものを使うことは、二度とないやろうと思うてました。ただ、若いときから使うて来た道具やからと、大事に残しておいただけです。

川那部　丸子船は、たしか図面などは全くなかったのでしたね。失礼ながら、作りかたをちゃんと覚えておられた…。（笑）

松井三四郎　棟梁して、職人もよう使うてたから、頭にこびりついとるんですね。昔のことやから、却って。それにやってると、少しずつ思い出して来るんです。

木の伐り出しから製作まで、多くの人々の働きがあった

司会　それが私どもにはいちばん楽しかったことです。作りながら、「あ、ここはこうやった。あのときはこうやった」と、思い出しては話して下さったのです。

松井三四郎　前は、木から生まれたような人がいはりました。（笑）「とんび」と呼ばれた人ですが、一二〜三歳から材木屋の弟子でずっとやってきた人やからね。木の中まで判る。

それにええ木でも、運ぶのがまたたいへんやから。自動車なんかなかったし、牛車や馬車に載せるしかしょうがない。ほんでに「木を買うなら出し（やすいところの）を買え」と言うたもんですわ。「この木は安いなぁ」と、木だけの値段を勘定してては、あかんのです。（笑）

昔は伐る時期も固う守らはりましてね。「竹の八月、木の九月」言うて、これは旧暦ですけど。木は新暦の九月までは、水を吸うていて弱いんです。虫も付くし。ほんで一〇月から一二月半ばまでは、皮が剥《む》きよい。一一月の末になったら、昔は雪が降るでしょう。雪を利用して皮を剥いたのを滑らす。そうするとね、タッタッタと木が走る。最初の一本をあんばいよう滑らすと、そこが雪の溝になる。雪を利用して川の縁まで下

丸子船建造中の松井三四郎さん。ちょうど船釘を打ち込んでいる（1994年大津市本堅田の松井造船所にて、用田政晴撮影）

ろしとく。私の頃はもう地下足袋がありましたし、みんなそれを履いて、かんじき*履いて、雪の中を引っ張りました。

川那部　なるほどねえ。

松井三四郎　川が凍ててる冬は、流せへん。それに、便利のええ岸はちょっと高いとこですわ。低い岸やったらね、ちょっと水が出たら流れてしもうて、どこへ行ったか判らんようになる。雪解けやらを利用して、四月の末から五～六月の雨のときに、下で待ってて貰うて、流しよる。伐採した木が、安曇川から朽木《くつき》や葛川《かつらがわ》を流れて、みな河口の南船木《みなみふなき》に集まってくるのです。

　木には皆、山本なら山本、西田なら西田と、流した者のハンコがぽんぽんと押してある。それを目当てに集めてね。流した木の量で、拾い賃を請求するんですわ。

司会　「出しの親方」と呼ばれた人ですね。

松井三四郎　そうです。七～八人で組

＊かんじき
「自然と触れ合う」の章の脚注（一四四ページ）参照。

合みたいなものをこしらえてね。それに、木で川が埋まりますよ。水のある間に流さんならんから、あっちからもこっちからもいっぺんに流しよる。
それから、筏《いかだ》に組んで運ぶんですわ。歩けんところは竿で押すのやけれど、歩けるところは、そのほうが早い。白鬚《しらひげ》神社*の前でも砂場があって歩けたんです。七～八人で一つの筏を、車を引くときに使う連尺《れんじゃく》*言うもんつけて、縄で引っ張っぱりました。

司会　船大工さんって、船をつくるところだけを知ってたら、それで良いような気がしていたのですけども。松井さんの場合、木を探すところか始めてずっと、詳しく知っておられますね。

松井三四郎　普通はそんなことありません。「これだけの木、なんぼの長さのもんを探してきてくれ」言うて、頼むのが普通でした。山で自分で買うと、安う買えるし、木も選べますし、そんなんで私は、いろいろな人に教わったんです。

丸子船作りの技術も、また伝わった

松井三四郎　丸子船も、私が堅田へ弟子入りした昔は、たくさんありました。この堀も港でした、何杯となしに帆を上げたり、櫓《ろ》を押したりして、この沖も通りましたわ。米や燃料の柴や薪《たきぎ》を積んでね。大津まで往

＊白鬚神社
高島市鵜川にある神社。延命長寿の神として知られる。湖中に朱塗りの鳥居があるので、近畿の厳島とも呼ばれる。

＊連尺
麻縄などで肩にあたる部分を幅広く組んでつくった、物を背負ったり引いたりする時に用いる綱。

復するのに、普通は朝早う出て、夜遅う帰ってくる。湖が荒れると、坂本や雄琴《おごと》で泊ってきはりました。沖島にも、石を運ぶのに三～四〇杯はあったでしょう。

司会　三男さんは今回、丸子船の手伝いをされて、どうでしたか。

松井三男　丸子は初めてやし、寸法も何もわからへんから、全部聞きもってせんならんかったのです。砂やバラス*を載せる大きい土船やらは作ってましたけれど。ふだんは鋼鉄船ですから。

川那部　それが今回の復元で、丸子船を作る技術もまた、継承されたわけですね。

松井三男　父に教えてもらいながら、また図面も今回は特別にきちんと残してもらいましたんで、今度こんな機会があれば、私が作れるかなと…。

司会　私も松井三四郎さんの、船を作りながらのお話を聞いて、いろいろ考えて来ました。そして、復元の過程を文章と映像に、克明に記録して残すとともに、どうして丸子船が無くなってしまったのかについても、論文にまとめてみました。今まで言われてきたように、鉄道や道路が出来たからすたれたというような単純なものではなくて、どうも、木を伐るところから船を作り上げるまでの、人間関係全体が働かなくなったこ

*バラス
バラストの略。鉄道線路・道路などに敷く砂利。

とにも、大きい原因があると考えています。今の松井さんのお話にもありましたように、木材を選ぶ段階からそれらが船大工のもとへ運ばれるまでに、すでに様々なプロ達が関わっていたわけですよね。特に木を見るとんびと呼ばれる人達、彼らがいなくなったことで、丸子船作りに欠かせない巨木を探すこと自体が困難になってしまったわけです。

松井さんはそのような状況の中で自転車をこいで山を探してまわり、自力で適当な木を見つけようと努力されました。しかし、結局は材料を簡単に入手できる鋼船《こうせん》へと作る船を変えられた。そんなことが、丸子船が失われるきっかけの一つとなったのではないかと考えています。こんなことを考えるようになったのも、松井さんがご自分で船作りのあらゆるプロセスを経験しておられたからですけど。

三四郎さんのお話は、書き残されない歴史の重要さを改めて感じるものでした。また、そうした書き残されない歴史は、今現在も展示室の丸子船をご覧になられた来館者の皆様から次々と寄せられつつあります。とても重要な機会を松井さんは与えてくださったと思います。

松井三四郎　いや、こうして展示してもろうて、私も幸せです。

川那部　二代にわたる松井さんのご努力のおかげで、丸子船についていろいろなことが明らかになり、未来への道も少し開けてきたわけですね。

一九九五年の三月でしたっけ、私自身もこの丸子船の進水式に参加させてもらいまして、そのあと堅田から烏丸《からすま》半島まで、琵琶湖を横断して帆走するのも、岸からしばらく眺めていました。

今日は、貴重なお話を聞かせて頂いてありがとうございました。併せて、お二人の丸子船新造のご努力に対しても、改めて深い感謝の意を表したいと思います。

復元され、堅田から烏丸半島まで帆走された丸子船
（1995年３月25日、牧野久実撮影）

琵琶湖博物館「人と琵琶湖の歴史」展示室の中央に置かれた丸子船

美しく青きドナウはいま?

（一九九九年六月一〇日、琵琶湖博物館館長室にて）

自然環境研究者、ハンガリー共和国　内閣顧問

ヤーノシュ　ヴァルガ

［進行・翻訳：嘉田　由紀子］

JANOS Varga　一九四九年、ハンガリー共和国生まれ。ブタペスト大学大学院修了。生態学を専攻し、各地の大学などで教鞭を執りながら、ドナウサークルなどの住民活動のリーダーを続ける。「ベルリンの壁崩壊」後、ハンガリー政府の要請により、生態学的な自然保護管理・回復、とくに水域の保全に関して顧問役を務める。

国際河川ドナウの悩み

川那部　ヤーノシュさんは、ハンガリー政府の内閣顧問などをつとめられ、ドナウ川*やバラトン湖*の環境問題にも詳しいと伺いました。ドナウ川と言えば、ヨハン＝シュトラウスさんのワルツ「美しく青きドナウ」が直ぐ浮びますが、ドナウ川は今どうなのか、先ず教えて下さい。

ヤーノシュ　ハンガリーは東ヨーロッパの平野部にあるので、水の九五％は、国外に降った雨に由来しています。したがって河川の保全は、国際協力と直接結びついているのです。琵琶湖周辺の地図を見て、この湖の水のほとんど全部が、滋賀県内に由来していることを知り、たいへん羨ましく思いました。それに私どものあたりのドナウ川は、南側はハンガリーに属していますが、北側はスロヴァキアに接しているので、それが問題をさらにややこしくしているのです。

川那部　確か二〇年ほど前に、大規模ダム計画がはじまり、それが今も問題になっているのでしたね。

ヤーノシュ　一九七七年に、当時のチェコ—スロヴァキアとハンガリーとで合意された計画では、船の航行条件の改善と水害防止・電力供給を目的に、二つの大きなダムといくつかの人工水路を作ることになってい

＊ドナウ川
「湖はだれのもの?」の章の脚注（八六ページ）参照。

＊バラトン（Balaton）湖
ハンガリー共和国西部にある湖。面積五九五平方キロで琵琶湖の八八％ほどだが、水深は浅い。保養地としても知られる。

ドナウ川（左上から下へ流れる）とバラトン湖

ました。しかしこの計画がずさんであったために、実際に工事が始まるといろいろ問題が出て来ました。そこで一九九五年に、オランダにある国際司法裁判所に訴えを起こし、スロヴァキアとのあいだで争いが続いているのです。

水管理のUターン点、殺してしまえば羊毛は刈り続けられない

ヤーノシュ　問題はいくつかあります。一つは川の水位が低下し、周りの地下水位も下がって、それを飲料水とする人たちが困ってしまうことです。もう一つは、このダムなどによって、川の生態系が維持出来なくなったことです。

川那部　ダムの水を飲料水に使うことは出来ないのですか。日本ではよくそうしていますが…。

ヤーノシュ　ドナウ川の水は、他の国から延々と流れてきたものですか

ブダペスト（ハンガリー）を流れるドナウ川。手前側がブダで、対岸がペスト（2001年7月30日、用田政晴撮影）

ら、飲料水には使いたくありません。また地表水は、硝酸塩《しょうさん》などで汚染されています。それに対して、川で自然濾過《ろか》された地下水は、まことに質が良く、したがってそれを飲料水に使っているのです。

川那部　確かに川の長さは、日本とは全く違いますね。それでは、川の生態系の問題のほうは…？

ヤーノシュ　ダムによって河川の水位が頻繁に変わり、魚などの生息に重要な移行（推移）帯*が失われます。またダムによって、魚の移動もし難くなります。それで私たちは「水管理のUターン」という考えを提案しているのです。

今までは、川を抑えつけて、人工的に管理しようとしてきましたがこれは誤りだと言うことです。川の流れに制約を加えるのではなくて、川自体が本来持っている生命《いのち》の力を尊重しようという考えです。川の生命は、流れる水とそこにすむ生き物も含めた生態系です。

ハンガリーには「生きている羊の毛は毎年刈れるが、食べてしまえばそれまでだ」と言うことわざがあります。川も同様に、生きていてはじめて、人間に恩恵を与え続けてくれます。ところが、このような環境保全の考えかたをスロヴァキア側がとらないので、国際的な裁判に持ちこまれ、意見の対立が続いているのです。

＊移行（推移）帯
水位の変動によって水中に沈んだり、陸になったりすることがある湖沼の沿岸域・湿地・池などのこと。一般には、二つの生態系が漸次移りゆく場所を言い、豊かな生物相に恵まれ生物生産性も高い。

川那部　日本でもやっと、自然環境の保全が「河川法」に盛り込まれましたが、ほんとうの動きはまだまだこれからです。

失敗したバラトン湖の回復計画

川那部　バラトン湖は中欧最大の湖ですね。ここでは以前、世界湖沼会議も開かれ、バラトン湖を訪問した日本人もかなりあります。私も一週間ばかり、湖畔に滞在しました。バラトン湖は、面積では琵琶湖と大きさが似ていますが、ここの富栄養化問題もなかなかたいへんですね。私が行ったのは夏を過ぎていましたが、まだやはりアオコが出ていました。

琵琶湖博物館「湖の環境と人びとのくらし」展示室入口の床にある「空から見た琵琶湖」をのぞきこむヤーノシュさん（右）（1999年6月10日撮影）

ヤーノシュ　バラトン湖は長さは七〇キロほどありますが、浅くて最深一二メートル、平均水深は三メートルしかありません。そこに一九六〇年代から、さまざまな化学工場や家畜農場などが作られ、汚染源が増えました。生活排水も、もちろんあります。また、観光客も毎年百万人ほどあり、これも汚染源です。言われたように今、アオコの発生でも悩まされていて、魚が死ぬこともあります。子どもの頃は美しい湖で、岸辺でよく泳いでいたものですが、今は五〇メートル以上も沖合へ、出なければなりません。

川那部　「小バラトン湖計画」がありましたね。ザラ川の流れ込むところに人工湖を作って、そこでいったん汚濁物を沈殿させ、湖本体の浄化を図るとの計画でしたが、あれはどうなっていますか?

ヤーノシュ　あれは残念ながら失敗だったと、私は判断しています。考え方は良かったのですが、やりかたが悪かった。大金をかけてコンクリートの人造湖を作ったのですが、周囲から入ってくる排水のことを考えず、効果があがっていません。今や無用の長物で、アオコが大量に発生する汚染源にさえなっています。生態系を考えない工学の限界ですね。そのうえ、観光施設を無許可で作ったり、湖の管理が複数の機関に分断されたり、行政的な連携もうまくとれていません。

琵琶湖への期待

川那部　滋賀県では、琵琶湖環境部と言う部局を作り、一致して琵琶湖問題に取り組もうとしています。この博物館もその琵琶湖環境部に属しているのです。
ヤーノシュさんには、船で琵琶湖上に出て、少し回って貰いましたが、琵琶湖の感想はいかがですか?

ヤーノシュ　一見しただけで何か言うのは、おこがましいのですが、琵琶湖での環境保全活動は、ハンガリーよりも進んでいるように感じました。環境社会学専攻の方に案内して貰ったのですが、ハンガリーでは湖と言えば、以前は水質化学と工学だけ、最近でもそれに生物学と生態学が加わっただけです。社会学や政治学の研究にも力を入れ、とくに地域住民の知恵に学んで、意思決定のシステムに入れて行くことが、生態系を正しく保全することに、最終的につながるのです。
さらに、この博物館の活動にも大いに感銘を受けました。専門分野を越えて、多くの人に湖のことを知って貰い、それぞれに将来のありかたを考えて行こうという思いは、たいへんすばらしいと思います。

川那部　そうお聞きするのは嬉しいのですが、やっと始まったばかりです。いや「琵琶湖総合保全計画」の策定が去る三月にあり、地域住民の思いにも学びながら、琵琶湖の生態系を正しく保全することが、これから始まるかどうかというところです。
二〇〇一年には、この琵琶湖畔で生まれた世界湖沼会議*が、戻ってき

*世界湖沼会議　「私たちの歌」の章（とくに二三一～二三五ページ）参照。

て開かれます。ヤーノシュさんは、琵琶湖へ来られるのは今回が初めてだそうですが、数年あるいは十数年後にもう一度来て下さって、そのときは琵琶湖が格段に良くなっていると判断して貰えるよう、皆で少しずつ進めて行きたいものです。

あるく魚が琵琶湖を語る

（一九九九年一一月一四日、琵琶湖博物館ホール・館長室にて）

作家　椎名《しいな》　誠《まこと》

［進行：美濃部　博］

本名渡辺誠。一九四四年、東京府（現東京都）生まれ。東京写真大学（現東京工芸大学）中退。流通業界紙の編集長を経て、作家となり、『本の雑誌』などの編集長を務め、また、写真家・映画監督としても知られている。吉川英治文学新人賞・日本SF大賞なども受賞。著書は極めて数多いが、最近のものに『草の記憶』（金曜日）・『たきびをかこんだがんがらうどん』（小学館）・『まわれ映写機』（幻冬舎文庫）などがある。

川那部　御承知の方も多いでしょうが、椎名さんの本に『あるく魚とわらう風』というのがあります。オーストラリアにカモノハシと言う獣と鳥の中間のような動物が棲んでいますが、それになぞらえてご自身のことを「あるく魚」とおっしゃっているわけです。私も魚を長いあいだ調べてきたものですから、たとえばアユの行動を話すときに、つい「私たちのなわばりは」、などと言うことがあって、笑われています。そこで私も「あるく魚」の仲間入りをさせてもらおうと、「あるく魚が琵琶湖を語る」と言う標題にしました。

ブラックバスとナマズ、どちらもうまいよ

川那部　以前に琵琶湖に来られたとき、オオクチバス（ブラックバス）を捕って食べて、たいへんうまいと書いておられましたね。スズキの仲間だから、骨離れはいいし、ちょっと淡白過ぎると思う人もいるかも知れないけれど、私も美味だと思っています。琵琶湖ではいまこれとブルーギルが増えて、在来の魚を駆逐して困ってるんですが、キャッチ＝アンド＝リリース*なんて言うのまで輸入して、食わないんです。「食べたほうが成仏する」って、書いたこともあるんですが。

椎名　本当においしいですから、どんどん食っちゃえばいいんです。ブ

＊キャッチ＝アンド＝リリース（catch and release）
「湖はだれのもの？」の章の脚注（八六ページ）参照。

ラックバスも喜ぶと思いますよ。ブルーギルもまだですが、食わなきゃいけないと思っています。

ところでビワコオオナマズは、今どうなっていますか。前に琵琶湖に来たときには、松坂實《まつざかみのる》＊という、僕たちはナマズ博士と呼んでいるんですが、世界中でナマズを釣っている友人も一緒に来まして、ビワコオオナマズを狙いました。そのときは捕れなかったのですが、その人と僕はあっちこっち世界のいろんな所へナマズを釣りに行っているんです。ヨーロッパオオナマズを釣りにイスタンブールの山奥へ行ったり…。これは二メートルぐらいあると言うんです。釣れなかったから、なんとでも言えるんですけどね。（笑）

川那部　ビワコオオナマズも、以前に比べればもちろん減っていますが、産卵に沿岸へ来るのが見られます。これは二メートルは無理ですね。いませいぜい一メートルかな。昔は一メートル二〇センチ程度のものも珍しくなかったのですが。

琵琶湖には、これも琵琶湖だけにい

ビワコオオナマズ。琵琶湖に固有の１種
（松田尚一撮影）

＊松坂實
熱帯魚研究者（一九四七〜）。アマゾンを中心に世界各地を巡り、熱帯魚の輸入に努める。『ナマズ博士放浪記』（小学館）・『ナマズ博士赤道を行く』（世界文化社）などの著書がある。

デンキナマズ。アフリカ大陸に広く分布。琵琶湖博物館水族展示水槽にて

るイワトコナマズもいます。少し小さめですが、これは抜群にうまい。とくに沖すきのようにすると素晴らしいです。ぜひ食べてください。

椎名　映画を撮るためにモンゴルで二か月以上いたときには、数十センチの大きなナマズが入れ食いで、よく調理して食ったんです。調理人が最後に、胃の中にはいつもネズミが五〜六匹いたと、教えてくれましたが…。うまいですよ、このナマズもね。

川那部　アフリカのタンガニイカ湖でデンキナマズを食べましたが、あれも白身でなかなかうまい。

海・山・川はつながった一体

川那部　今日の講演の中で、八郎潟干拓*のことを高度成長の「つけ」と言われました。琵琶湖も、いろんな面で便利になったことは確かですが、問題もたくさん起こっています。椎名さんはいろんな所で環境問題に関しても発言なさっていますが、とくに大好きだとおっしゃっていた「水

*八郎潟干拓
秋田県西北部にあった、面積二二〇平方キロの潟湖。一九五七〜六四年に干拓されて大潟村となり、周辺中心に四八平方キロが残っている。

辺」については、どうお考えでしょうか。

椎名　海・山・川は、みんなくっついていると思うんです。本来みんな関係していたんですが、日本はそれを切ってしまって、全部だめにしたことがはっきりしましたね。ここ二年近く海をまわっていて、たとえばこのあいだは、三島由紀夫の『潮騒《しおさい》』の舞台になった三重県の神島《かみしま》に行ったんです。良い浜だったんですが、沖合にテトラポッドが三重にあって、景観は完全にぶっ壊されていましたね。とにかく日本中を歩いていると、こういうことだらけです。

ある島では、猟師さえも行かないような山道を三〇分下って、やっと着くような入江が護岸工事されていて、車の通れるぐらいの堤防ができて、テトラポッドがここも三重に置いてある。何の意味かわからないんですよ、波も激しくないし…。工事のための工事でしかないことがはっきりしている。人が見えないところでやっているわけですよ、日本中全部でね。これはまず悲しいですね。それから川では、護岸工事とダム、それに長良川みたいに、河口堰《ぜき》まで造っちゃいますから。そしてまた、吉野川にまで作ろうとしている。

日本のあちこちを歩いていると、川は全部、同じ問題です。テレビの仕事で釧路川をいろいろ調べていたら、上流の湿原がショートカットされて、消えつつあるわけですよ。目茶苦茶に国土を壊す、こんな政治をやっているのは日本だけですよ。もうちょっと目を開かないと、どうしようもないと思っています。

アメリカのある海岸にしばらくいたんですが、アメリカは何だかんだと言っても大人の政治ですね。変なふうに海岸をコンクリートで固めたり、テトラで覆ったりはしない。だから生物がちゃんとそこに根づいているんです。たとえば僕の行ったサンタ＝クルーズ*という町では、家の二階から望遠鏡でラッコの泳いでいるのが見えます。自然のラッコがカニなんかを捕って食べているのが見えるんですよ、嬉しそうに笑いながらね。（笑）

川那部　私の眼にも、笑っているように見えますね。

椎名　それから、オットセイがいたり、岸壁にはオオミズナギドリ*がいたり、ウミウがいたり、ケイマフリ*がいたり。とにかくものすごく豊かなんです。それが住居の三〇メートル先ですからね。ケイマフリというのは北の鳥で、日本にもいるんですけど、半年前に行って「あーあ」と思ったんですが、日本ではいま奥尻島《おくしりとう》だけ。それも北岸壁にしかいない。そこまで追いやられているわけです。日本は野生動物に非常に冷たい国で、バンバン絶滅させていきますね。

＊サンタ＝クルーズ（Santa Cruz）
アメリカ合州国のサン＝フランシスコの南一〇〇キロほどのところにある町。その五〇キロほど南には、水族館で有名なモントレーがある。

＊オオミズナギドリ
ミズナギドリ目ミズナギドリ科の海鳥。全長五〇センチぐらいで、日本近海で繁殖する。ミズナギドリの中でも、軽くて飛翔能力が高い。

＊ケイマフリ
チドリ目ウミスズメ科の海鳥。全長三五センチぐらいで、オホーツク海から北日本に分布する。名はアイヌ語の、ケマ（足）・フレ（赤い）に由来すると言う。

そういうあからさまな関係を見ていますので、脱力感があります。僕たちには書くぐらいしか能力がありませんから。何でこう日茶苦茶に壊す必要があるんだろうかと思うけれど、最終的には全部お金でしょう。誰かが儲かるためにやっているというだけなんですよね。どうしたらこの構造を壊せるのかなと思うんですけどね。

それを考えるとイライラして、またビールを飲んで…。（笑）

霞ヶ浦。面積では琵琶湖に次いで日本列島第２位。千葉県と茨城県の県境に位置する（2000年４月16日、秋山廣光撮影。335ページにも写真がある）

水辺への関心の高まり

川那部　先日霞ヶ浦へ行きましたが、あの周りはまさに一〇〇％人工護岸ですってね。九八％ぐらいは鉛直の護岸、二％だけが自衛隊の水陸両用の車を動かすために、斜めになっているそうです。地元の方々が何とかしようと、アサザ*という水草を増やすことから始めて、いくつかの計画が進み始めたと聞きました。
私は絶望からでも出発しなければ

*アサザ
スイレンに似た葉で夏に黄色の大きい花を付ける、リンドウ科の多年生の水草。これを当面のシンボルにした、霞ヶ浦での自然回復運動は有名である。

しょうがないと思っているのですが、何か少しずつでも自然の環境を取り戻していく方向を、椎名さんはどう考えられますか。

椎名　やりかたなんですよ。いま僕は東京の三番瀬《さんばんぜ》*の問題に加わっているんです。初期の頃の埋立反対運動は、政治家とそれによって利権を生ずる人達だけが騒いでいたんですね。他の人は無関心だったし、そういう人に関心を向けさせるモーメントもなかったんです。しかし最近は、「何でそのことが問題になっているのか、その理由だけでも知ってほしい」という働きかけをすると、みんな応えてくれるようになりました。これは大きな成長だと思うんです。

ところで、琵琶湖の水はどこが飲んでいるんですか。大阪もエリアですか。

川那部　京都市のほとんど全部、大阪市も全部、南は大阪府と和歌山県の県境まで、西は神戸市の西端までかな。一四〇〇万人ほどが、上水道その他で琵琶湖淀川の水を使っているんです。

だから、琵琶湖の環境に対して関心が高いはずなのですがね。たとえば、化学的・工学的に水質浄化をするのには限界があって、琵琶湖自身による自然浄化などを取り戻す必要のあることなどでも、まだ全面的には理解されていないでしょう。琵琶湖とその周りにはいろんな生物がい

＊三番瀬
渡り鳥の渡来で有名な、東京湾最奥（千葉県市川市・船橋市）に拡がる浅瀬・干潟。廃棄物処理場・下水処理場・海浜公園造成の埋め立て計画があったが、市民・自然保護団体の反対運動の結果、二〇〇一年にこの計画が撤回され、保全基本計画が策定中。

て、歴史的文化に根ざした人々の暮らしがあったわけですから、この言わば「暮らしの賑わい」をいかに取り戻すかについて、皆で早急に考えて実行しないと行けないのですが…。

次は、沖島から琵琶湖へのメッセージを！

川那部　今回は残念ながら、琵琶湖をゆっくり見てもらえなかったのですが、次には沖島あたりで、漁師さんの料理を楽しみ、まわりの景色などを見ながら、琵琶湖についてのご意見を伺いたいものです。沖島は漁業の集落で、田んぼは湖を渡った本土側にあるところです。

椎名　そうですか。沖島ではキャンプはできるんでしょうか。今ある雑誌で島をめぐるのをやっていて、あと二年位あるんで、その取材でやってみましょうか。（笑）

川那部　ぜひお願いします。。その帰りには、この博物館へももう一度立ち寄ってください。そして厳しいご意見を頂戴したいと思います。

本日は、お忙しい中を講演していただき、また対談にも応じてくださいまして、ありがとうございました。

食いしん坊館長が二人寄ると

（二〇〇〇年五月三一日、吹田市千里万博公園
国立民族学博物館館長室にて）

文化人類学研究者、国立民族学博物館　館長
石毛《いしげ》　直道《なおみち》
［司会・進行：嘉田　由紀子］

一九三七年、千葉県生まれ。京都大学文学部卒。二〇〇三年国立民族学博物館館長・教授を停年退官。日本・オセアニア・アフリカ・中国などを中心に、世界の食文化に関する研究で有名。現在は国立民族学博物館名誉教授。『食生活を探検する』（文藝春秋社）・『魚醤とナレズシの研究』（岩波書店、ラドルと共著）・『麺の文化史』（講談社学術文庫）など、多くの著書がある。

なぜ食いしん坊に？

司会　石毛さんは食文化の研究者として知られていますが、始められたきっかけは何だったのですか。

石毛　私は研究よりも、食いしん坊のほうが先なんですよ。子どものころ戦災に遭ったりして、いつもお腹を減らしていたし、大学でも貧乏学生、それで不思議なことに大酒飲みだったんです。酒は他人にたかれるけど、飯はそうはいかない。安上がりで旨いもの食おうと思ったら、結局自分で作るのがいちばんってことになって、自炊始めたんですよ。そのうちに海外調査に行くことが多くなって、一人のときは徹底的に現地の家に居候して、自分では一切作らない。しかし何人かで行くと、おだてられて自分でどんどん作りまして。

川那部　私も食い意地は張っていたようですね。だが石毛さんとは正反対に、料理は全く出来ず、アルコールも二七歳まで一滴も飲めなかった。それにもかかわらず幼児のときから、酒の肴めいたものが好きだったんですよ。このわたとか、ふなずしとかね。それで、ゆくゆくは酒飲みになるに違いないと言われていたらしいんです。

ふなずしとの出合い

石毛　私は千葉県育ちなので、ふなずしを知ったのはずっと後です。爺さんがフナ釣りが好きでしたが、淡水魚はちょっと泥臭くて、子どものころは海の魚ばかりでした。淡水魚の旨さがわかるのは、本格的に酒を飲み出してからです。それでも学生の頃はふなずしなんてあまり食べたことはない。当時でもちょっと高級でしたから。

あの味には、抵抗感はあまりなかったですね。また、ヨーロッパで日本の食文化について講演をやる機会に、ふなずしを試食をして貰うと、旨いとわかる。例えば「ある種のチーズと同じだ」って言う。ゴルゴンゾーラ*だとかブルーチーズとかと、ちょっと似てますね。匂いの分析結果を見ると、ふなずしの匂いはチーズ臭なんです。ですから彼らにとっても、ほとんど抵抗感はありません。

*ゴルゴンゾーラ（gorgonzola）　ブルーチーズの一種。ミラノ近郊の同名の村で作られる。

ふなずし

なれずしの分布

司会　東アジアには以前、ずーっと広くなれずし系の食文化があったのに、今は消えてしまったところが多いですね。なぜでしょうか?

石毛　なれずしの分布は、元来はかなり広いものです。南はジャワ島から東は日本まで。今は海産魚を使うところもありますが、古いのは全部淡水魚ですね。私はこの発祥地は、インドシナ半島から雲南・貴州省につながる水田稲作地帯だと考えています。中国大陸では、宋の時代あたりまではよく食べているんですが、元の時代などになって魚を食べない民族が多くなると、生ものを食べないようになる。中国でも韓国でも今は、もう東海岸にちょっと残っているだけです。日本でも古くから食べられていたのは、北九州から瀬戸内を通って近畿・北陸までです。南九州から沖縄にかけては存在しないんです。

なれずしが稲作とたいへん関係の深い食品だと仮定した場合、沖縄から島伝いに南九州に入ったルートではないわけですね。むしろ、中国の揚子江の下流から稲作と一緒に日本へ入って来た食物と考えるべきじゃないかと思うんです。水田というのは、主食にするイネ（米）を生産するだけじゃなく、おかず用の魚を獲る場所でもあったんです。田んぼで魚を獲る、あるいは田んぼにつながる水路で魚を獲る。それがセットになって、おかずとご飯が一緒になったような、それが水田稲作としてずーっと伝わって行ったんだろうと考えたわけです。

水田とおかず採り

司会　川那部さんは生態のほうから見て、琵琶湖の魚類のくらしかたとふなずしのつながりはどう思われますか。

川那部　琵琶湖の沖に棲む魚も、産卵には全部沿岸へ来る。そして内湖あたりで留まるもののほかに、田んぼまであがって来るものも、フナ類やナマズなど多いわけです。草津駅の近くの高いビルの上から田植えごろに見下ろしたことがあるんですが、琵琶湖が拡がったかと思うぐらい、一面に水域になる。湖面と水田とは、今は高さが違うので移動困難ですが、昔は梅雨どきなど、行け行けにつながっていたんですから。

石毛　それは、東南アジアでも同じですね。モンスーンのころ飛行機から見るともう一面水だらけ。ちょっと小高い所に集落が残っている程度ですね。つまり川が氾濫《はんらん》して、川と田んぼが一緒になる時期がある。そのときに川筋に添って、上流下流を移動するような魚が田んぼに入って来て、産卵するわけですね。

川那部　ふなずしの本来の素材のニゴロブナは、ゲンゴロウブナに比べても、その子どもは遊泳力が小さいので、内湖などに長いあいだ棲まなければならないのです。いまは、そう言う棲息場所が無くなってしまっている。ニゴロブナのふなずしをたくさん食べたい私は、なんとかしてこのような場所を琵琶湖の周りに復活させたいと思っていますし、水田へもどんどん上がれる状況が出来ればたいへん嬉しいのです。田んぼも本来、イネを作るだけの場所ではないはずです。

司会　まさに、農業の多面的機能ですね。それから、地域の食文化の伝統をみると、なれずしを漬けることが身に染みついているので、何でも漬けてみると言う生活慣習が生きている地区もあります。例えば草津市の志那《しな》は、いまは湖岸堤で琵琶湖と切れているのですが、以前は湖と水田や水路がつながるクリーク*地帯だったところです。そこではとうとう、ブラックバス（オオクチバス）のなれずしが「発明」されました。伝統と言うものはある意味で創造的です。

なれずしの分布

石毛　アユなどいくつかのものを例外として、淡水魚の消費が近年著しく減って来ているようです。日本は海岸線のたいへん長い国だし、しかも近代漁業と流通の変化で海の魚が食べられるようになり、淡水魚の消費が減ったわけですね。

川那部　非常勤講師に私を呼ぶときの口説き文句は、以前は比較的簡単

*クリーク（creek）
小さな入り江・港、あるいは小川・細流。日本では、特に中国の小運河や細流に使った。ここでは、水路や湿地で縦横に連結されていた地帯の意味。

国立民族学博物館東南アジア展示室で案内・説明する石毛さん（2000年５月31日撮影）

でしてね。「その時期に来ると何々が食えるぞ」と言われると、喜んでほいほいと行ったもんです。この頃はいつの季節でも、京都ですら、言わば何でも食えるわけですね。そうすると、わざわざ行って食いたいって言う、ときめきが減って来る。飽食の時代とか、贅沢になって来たなどと言いながら、食文化は却って貧しくなってるんじゃないかと、思えてしょうがない。

司会　地元へ行くと、かえって良質のものがなくて、「良いものは東京や大阪へ出てしまいました」と言うことになりかねませんね。

石毛　そうですよ。「情報を食べる」ようになってるんです。実際の自分の味覚よりも、情報に価値を置くようになって来ている。しかし、先にもあったように、伝統を「守ろう」と言うのはだめですね。そもそも刺身・醤油・ワサビ・天ぷら・握りずし、すべて江戸時代以来です。守るんじゃあなくて、それをいかに現代に適応させるように変形したりして行くかが、大事だと思います。

川那部　「何でも食べてみよう」と言う好奇心は、もう少し増やすべきですね。何度か試してみて、やっぱり私は嫌いだって言うものは当然ある。とにかく、いろいろやってみて自分で判断するのが、豊富にする方法でしょう。これ以外は食べないと言うのは、絶対に損ですよ。

石毛　食わず嫌いってこともありますね。ただ、それがいけない理由として、ふつうは栄養理論を持って来るんです。「これが身体に良いから食べなさい」と言う。物資が窮乏している時代だったら、説得力を持ったかもしれないけれど、今なら栄養だけ考えたら代わりのものがある。ですから、なるべく説教と違うところで内発的に、「これはおもしろそうだ」と試してみて、自分に合うか合わないか決めることですね。いろんな食べ物を知ったほうが幸せです。

司会　「食いしん坊は幸せを運ぶ」と言うことですね。

クジラと人びとのかかわり

（二〇〇〇年三月二九日、琵琶湖博物館館長室にて）

和歌山県太地町立くじらの博物館　館長

北《きた》　洋司《ようじ》

［進行：前畑　政善］

一九四一年、和歌山県生まれ。江戸初期から捕鯨で栄えた太地町の行政に携わっていたが、八二年の「鯨モラトリアム」を契機に、六九年に設立された博物館の館長となり、また文化的な見地からクジラ問題に大きく関与した。現在は太地町教育長・日本動物園水族館協会会友。

「くじらの博物館」とは?

川那部　北さんは、いまは「くじらの博物館」の館長さんですが、もともとは確か行政一筋の方でしたね。博物館に関係されたきっかけは?

北　一九七〇年代後半からの「捕鯨問題」、そして八二年のモラトリアム(一時停止)からです。太地《たいじ》町の役場へ入って三二年、当時は企画・財政に携わっていたのですが、クジラは町の人々の暮らしの根幹ですから、いろいろな抗議や激励のなかで、情報を収集していました。それで自然科学や社会科学の専門の方、あるいは現業の人たちと、付き合いが拡まってもきたのです。それを活かして欲しかったのでしょう、「博物館を頼む」と言うことになりました。

川那部　「くじらの博物館」が昔流のふつうの博物館なら、そしてそういう問題が起こらなければ、北さんが出馬しなくてもよかった…。(笑)

北　行政マンは、住民の暮らしを支えていくことが役目ですし、博物館の役割のひとつは、その住民の暮らしを表現することですから、素直に移ったのです。それに祖父までは、クジラ捕りの中でも「羽刺《はさ》し」、つまり銛《もり》打ちの世襲の家系でしたし。

川那部　それで、まさに「クジラとクジラをめぐる人々の暮らし」の博物館になったわけですね。琵琶湖博物館は、「湖と人間との関係を歴史的に考える」ことを目的にうたって九六年にできたけど、おたくの博物館はその前からずっと、そうやったわけや。大先輩なんですね。

いのちの重要性を考える

北　今はどちらかと言えばバーチャル（虚像）の時代で、真実が隠されてます。都会の人は、生きものの命を実感できる場面がほとんどない。太地へ来て、たまたまクジラの解体に出くわし、血のたくさん出るのを

和歌山県太地町立くじらの博物館の入口付近の外観（くじらの博物館提供）

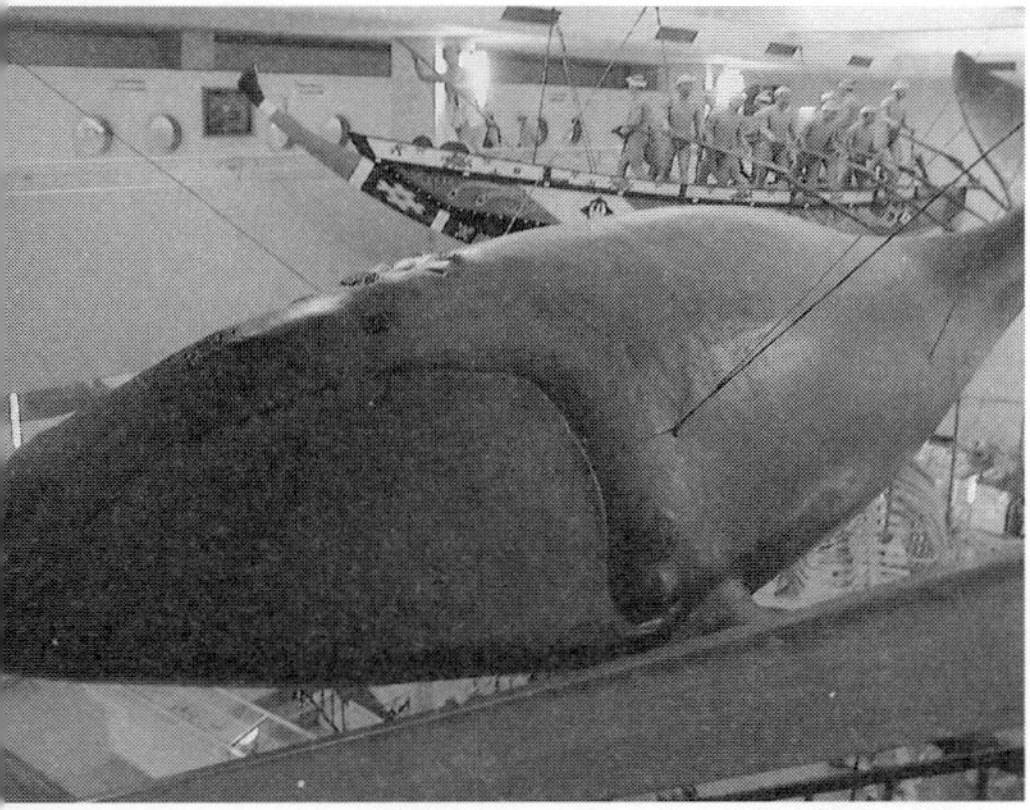

クジラの博物館にある、古式捕鯨模型の展示（くじらの博物館提供）

見て「ええっ」と言って驚く。動物を通して見たときに、ときには動物の死を見たときに、はじめて自分の生きてる姿、自分がどう生きなきゃいかんかが、考えられるんとちがいますかね。

川那部　おっしゃる通りです。生命の重要性を私が最初に実感したのは、トノサマガエルのおなかに麦わらを突っ込んで息を吹き込み、それが膨らんでパンとはじけて、もがいて死んだときでした。「無駄な生命はない」ことを、そのこと以来考えはじめたのです。

北　やっぱり、一人一人がそういうことをもう一度考え直してみる。それから、ほんとうの自然保護・環境保護の重要性が実感できるんと違うんでしょうか。

川那部　お魚でもね、尾頭がついたものは、死んだものでも「さばく」のはでけんと言う。「なんか、かわいそうな気がする」のだそうです。それが切り身やと平気。ただ「面倒や」ということとは違うらしい。だから、動物というのは生物を殺して食っている存在であることすら、実感でけんのです。

北　そういう意味では、漁村・農村など生産現場にいる人だけが、ほんとうの自然と生きものの姿を知ってるし、いのちも知っている。その意見の反映できる社会が必要だと思います。だから私どもは、太地町の捕鯨の歴史や文化にとどまらず、クジラを愛し、捕鯨を誇りに思ってきた心を、現場の目線から多くの方々に、情報発信していきたいと考えているのです。クジラを飼っているのも、そういう気持からです。

大切なのはいのちの賑わい

川那部　国内で捕鯨をかなり長いあいだやってきたところは、太地のほかにはどこですか。

北　江戸時代の主なのは、四国の室戸と九州の五島列島。房総半島の和田・館山《たてやま》は近代捕鯨まですこし続きます。近代のは宮城県の鮎川などで、いま基地としては四か所あります。しかし、ずっと引き続いてやってきているのは、太地だけでしょう。しかも、各地の捕鯨技術はすべてうちから行ってます。過去の歴史の中で、太地ほど鯨のいのちを丁寧に扱ってきた町はないでしょう。

川那部　それがほんとうに大事なことですね。琵琶湖の漁師さんも、いのちの大事さを考えてはる。「美味しく食べないと、魚も成仏しない」などとね。

北　日本人は本来、自然に対してやさしい国民であるはずや、と思うんです。自然があってはじめて、人々の営みがある。自然抜きの生きかたは考えられないですね。現代社会が失ったものは、まだ田舎には残ってますから大事にしたい。われわれがなにげなしに振り捨ててきた大事なものを、もう一回集める作業をやっていかんとあかん。そう思えてしようがないんです。マグロでもね、季節と産地を選んだら、ホンマグロ(クロマグロ)よりもキハダやメバチのほうが数段うまい。ただ色が薄いので町では売れん。それで輸入して薬品で色を付ける。けしからんことやが、それを「奨励」しているのは、一面では町に住んでいる、バーチャルなだけの消費者です。

川那部　ほんとは遠距離を運ぶんではなくて、近くのものを食べたり使ったりせんと、いかんのですね。各地での、いのちの賑わいがあってはじめて、暮らしの賑わいがある。「暮らしの賑わい」というのは、エネルギーをたくさん使うとか、単純に便利になるとかとは違いますわね。

北　ぼくらの子ども時代、大人の姿には、生きることに対するものすごいエネルギーを感じました。人間が活き活きしてました。当時の生きかたを振り返ると、私らはあの時代の人にはかなわん。そのようなパワーというか賑わい、生きる活気を大切にしたいと思いますね。

シロナガスの骨格と航海日誌

北　過去にあれだけ鯨を利用してきたのに、シロナガスクジラの骨格が日本には一つもないんです。これはもう、標本を持てる可能性の全くない種です。ところが、ノルウェーのトロムソ大学博物館*には、なんと三体もある。ここらへんが、われわれの文化の「貧しさ」というといいかんかもしらんけれど、劣っているところやなと思うんです。レプリカでもかまわんから、とにかくなんとかしたいと考えています。二四〜五メートルありますから。

川那部　そうですか。確かにね。「鯨類研究所」などもあるのに…。

北　アメリカ東海岸ボストン近郊のシャロンという町にあるケンドール捕鯨博物館*には、一八〜一九世紀の捕鯨船団の航海記録が収蔵されています。船名をいえば、何年の何月何日にどの海域で操業して、どういう鯨を何頭発見したとかが、ぱっと出てくるんです。それで、過去の捕鯨産業にあちこち連絡して、日本の航海日誌を集めようと思ったんですよ。それが全く集まらない。法律上の保存年限があって、それを過ぎたらみな廃棄処分なんです。だからいま地元で、資料集めを呼びかけてるんです。すると、意外にぽつぽつと出てくるんですよ。このあいだはまた、

*トロムソ（Tromsø）大学
ノルウエー王国の北部、北緯七〇度近くにある大学。北極圏の科学と寒帯地域の水産に関して、とくに名声を誇っている。

*ケンドール（Kendall）捕鯨博物館
アメリカ・マサチューセッツ州シャロンに設けられた捕鯨博物館。世界各地、古代から現代にわたる捕鯨に関する資料を集めたケンドール家のコレクションをもとに一九五六年に設立された。クジラを描いた浮世絵など、日本の捕鯨文化を紹介する展示室も設けられていた。
　現在は、同州ニューベッドフォード（New Bedford）にあるニューベッドフォード捕鯨博物館に統合されている。同地は、メルビルの小説『白鯨』の始まりの舞台としても知られるとおり、一九世紀半ばに捕鯨基地として栄えた。一九〇三年にオールド・ダートマス歴史協会が設立した同館は、アメリカ捕鯨を中心に、世界随一といわれる質と量を誇る。

セミクジラのひげ、一メートル以上のまで「拾い」ました。

川那部　それも、すばらしいお仕事ですね。滋賀県の場合は、古文書が小さい村々や、個人の家にたまってる。しかし、家を建て替えたりするときに、それがみんなすっと消えるんですって。それを集めるのには、うちの歴史の学芸員も言っていますが、おっしゃったように「捨てる前に必ず言うてくれ」と呼びかけることですね。

北　そして持ってきて貰ったら、お礼状を広報することやと思います。

里山から人間を考える

（二〇〇〇年一〇月二八日、琵琶湖博物館ホールにて）

写真家　今森《いまもり》　光彦《みつひこ》

里山から考える21世紀代表　土岐《とき》　小百合《さゆり》

［進行：布谷　知夫］

一九五四年、滋賀県生まれ。大学卒業後、独学で写真を学び、琵琶湖と周りの里山を対象に、昆虫や広く自然と人との関わりを主題に撮影し、また、世界の辺境地を訪問して取材している。滋賀県文化賞・木村伊兵衛写真賞・毎日出版文化賞などを受賞。『里山物語』（新潮社）・『世界昆虫記』（福音館書店）・『湖辺—生命の水系』（世界文化社）など、多数の著書がある。ホームページ：/www. Imamori-world.jp/

一九五四年、東京都生まれ。世界文化社・三菱総合研究所を経て、トキヲを設立し、展覧会・ワークショップの企画に携わる。視覚障害者の「真の暗闇」を体験する「ダイアログ・イン・ザ・ダーク」を各地で開催し、こども環境会議の事務局統括も行っている。『記憶力がないので何度でも楽しめる』（小学館）などの著書がある。

写真家が動画を作ると…

土岐　新作の映像『今森光彦の里山物語』を見られた川那部さんから、まずは感想を述べて頂きましょうか。

川那部　今森さんというと、静止画を思います。そのすばらしさは充分に判っていたのですが、いや、だからこそというか、その今森さんが動く映像を創られるとなると、どんなものができるか、楽しみであると同時に、少し不安なところもありました。正直にいうと、最初はちょっと戸惑いましたが、途中からは、「ああ、これはやっぱ今森さんという静止画の人が、動きを撮ることで成り立っている映像だな」、と思いました。敢えていえば、静止画が動いている、あの美しさが動いている。これは見事なものだと感じ入りました。それに、禁欲的な音の処理もすばらしいですね。

今森　どうもありがとうございます。動く映像に関しては、じつは二度目なんです。もう一〇年くらい前ですが、熱帯雨林を撮っています。動く画像は横長画面ですが、スチール写真も、だいたい横長なんです。それで私にとっては、構図がすごく決めやすい。写真には、画面の中に流れがあります。構図というのは時間の流れを意味しますから、横長の画面であると、時間の流れを表現し易い。だから動く映像を撮るのは、横長の画面を観ている私には、違和感がないのです。

川那部　いつも今森さんの写真を見て感じている、まさにその延長上ですね。画面が動きながら、各瞬間が、いつもの静止画像と同じように、見事にきちっと決まっていると思いました。

今森　今回の映像のロケ自体の期間は、二年と三か月ぐらいなんですけれど、今回の舞台になっているフィールドに出会ったのは学生時代で、それから二〇年以上、ずっと見続けて来ているわけです。いわゆる「ロケハン」に、二〇年費やしているんです。

川那部　ありとあらゆる場所を熟知していらっしゃるわけですね。

今森　いつどこで何が観察できるか、ほぼ判っているんです。だから、例えばオオムラサキ*が誕生する場面でも、三〇分前には「起こるぞ」と判るわけです。その場所やそこでの生きものの様子を知っているので、必要なシーンを能率よく撮影できました。

川那部　一見「無駄」に見える時間が、大切なのですね。

里山を撮るということ

土岐　あの映像からは、近くに住んではいるが、里山とのあいだに程良

*オオムラサキ
　タテハチョウ科のチョウ。日本の国蝶として知られ、雄の翅の表面は紫色に輝く。翅の開長は九センチ前後と大きい。東アジア特産。自然指標昆虫一〇種の一でもある。

い距離をおいて、撮り続けていらっしゃる。そんな感じに見えたのですが。

今森　うーん。プロの写真家というものは一般に、どこへでもあちこち飛んで、それぞれのところで売れる写真を撮るものなんです。でも私は二六歳ぐらいから、海外は別として、あとは滋賀県だけで撮っているんです。その意味では、近接した取材です。

それに里山の撮影では、人との接触がつねにあるわけです。里山というものの成り立ちがそうなんですが、景色を撮影する場合にも、そこにいる人との接しかたが重要な、いや、それなしには成り立たない場所なんです。写真を通して人々の暮らしを、知らず知らずに学んできた、と思っています。

川那部　日本列島はどこでもそうだけれど、とくに里山の場合、自然と人とが長い時間をかけて作り上げてきたものです。だから、一つ一つの場所ごとに違いが、顕著な違いがあるわけです。「里山一般」というものはなくて、各地の里山がある。混ぜて「平均と標準偏差」を求めてみても、やはりうまくはいかないでしょうね。今森さんの里山の映像は、あるところに固執したために、却って一般性が見える点で、面白いのだと思います。

里山での人と生きものとの関係

今森　集落ごとに、生きものの顔も違うように思えるんですよ。ある集落の中を流れている川のアユは、隣の集落の川のアユとは顔が違うとか、そう思って、生きものを撮影していることが多いですね。川や谷とか森とか集落とか、それらが別々ではなくて、一つのセットになっている。その最小単位のセットの中で、逆にいえば各生態系が成り立っている。少なくとも里山の場合はそうではないか、という気がしているんです。

川那部　まさにおっしゃる通りですね。棲み場所によって、生物の性質は変っています。先祖代々、どんな環境でどういう生物とどんな関係を持って来たか、それが生物の体に、少しずつ刻印されていきます。アユは海から溯《さかのぼ》るから、遺伝的には互いに良く似ているけれど、棲みかたも産卵期も、場所によって違います。

里山における人のくらしとなると、も

大津市真野大野の里山と真野川（秋山廣光撮影）

っとお互いの関係が強く効いてくるはず。それがどのくらいの時間をかけて、どんなふうに少しずつできあがってきたのか、面白い問題ですね。

今森　川那部さんが今おっしゃったことの中には、土地への執着みたいなものがありますね。生きものがその土地に、たまたま棲んでいるんじゃなくて、その土地にとけあっているみたいな、そういういのちの考えかたですよ。そういう意味で、環境も理解しているんです。

里山環境はいま、あまりにも急速に変って来ています。この変化への恐怖というか、生きものや人間も含めてですけれど、それは人間の住んできた土地への関心、「土地への執着」をも脅かしているんじゃないか、ということなんです。いいかえれば、土地が変ってしまったら、そこには生きものは棲めず、人間も住めなくなるんじゃないか、という気持なんです。新しいものに変えることだけを考えて実行してきて、古いものをどういうふうに残したらいいか、これをあまり考えなかったという問題です。人間は逃げかたがうまいから、この環境変化に短期的には順応するかもしれませんが、生きものはたいへんだし、人間も長期的に考えれば、住めなくなるんやないかとね。

琵琶湖から水田と里山を見ると

川那部　その変化は、今森さんの里山ではいつごろからでしょうか。私の、とくに京都府の北のほうでの経験からいうと、一九五五年から六五年にかけての変化が、とくに大きいでしょうが。

今森　琵琶湖もやはりそうですね。そして、琵琶湖総合開発*がその仕上げをした。陸と湖とのあいだの部分がなくなって、湖岸が道のすぐ横まで来ました。ある意味では湖は「近く」なったわけです。ところが意識はうんと遠くなってしまった。そういう不思議なことがありますね。

琵琶湖は本来、周りは湿原だったんです。陸と湖のあいだの緩衝《かんしょう》地帯があったんですよ。そしてその背後に田んぼが続いていました。今でも田んぼはそういう環境を随分補っているんですが、湖との行き来はほとんど切れてしまっていますね。いわば、風景が失われたのです。

川那部　草津駅近くのビルの上から田植えの直後に見下ろして、昔の琵琶湖が戻ったように錯覚したことがありました。水田の拡がりだったわけです。農地法が一九九九年に改正され、水田も米の生産をするだけのところとは違う、環境保護などもっと多目的だということになったのです。これを大いに活かさないと、いけませんね。

＊琵琶湖総合開発
「沖島の漁業の変遷など」の章の脚注（六八ページ）参照。

陸と水とを分断して、「きわ」で際だたせてしまったのを根本的に反省して、おっしゃったような移行帯、つまり岸辺などの「べ」を復活させないとだめだと最近思い、話したり書いたりしています。里山も、本来は山辺ですし。このような「べ」で、日本の文化は生まれたのですね。

人とともに生きてきた琵琶湖

今森　発表はまだしてませんが、里山のほかに岸辺も撮影しています。もう六年ほど前になるでしょうか、ご老人が来られて、「何してんねん」と。測量士とよく間違われるんですが、このときはそうではなくて、「もっと景色のええとこ知っとるぞ」と、連れていって貰いました。そのとき、一陣の風が吹いたんです、琵琶湖から。そしたらそのおじいちゃん、風に身を任せて「ふーっ」と動いたんですよ。何度目かのとき、車に乗って貰ったところ、私が五歳のころに嗅いだ匂いが充満したんです。祖母が、ふなずしとかを漬けていたときの匂いです。そういう「匂い」を撮りたいのです。フナの匂いでもないし、磯の匂いでもない。うまくいえないけども、間違いなくあれは琵琶湖の匂いですね。

そして、そのおじいちゃんの連れていってくれるところは、今でもきれいなんです。規模はすごく小さくなっているけれど、昔見た琵琶湖がそのまま残っているのです。琵琶湖はやっぱりね、人とともに生きてきたのです。

川那部　今森さんの写真を見る人に、その匂いが感じられるところまで、そこまでいくかもしれない。

土岐　この『里山物語』にも、かすかな匂いぐらいは感じられると思うのですが、どうでしょうか。

もう手後れかもしれないという話もありますが、里山について何かやっていきたいと、「里山から考える二十一世紀」という活動を始めました。今森さんの撮られた映像とパネルを中心に貸出して、いろんな人と里山について話す機会が全国で開け、そこに私もお邪魔できたら嬉しいと思っています。とりあえず三年間続けますので、興味のおありの方は、おっしゃって下さい。資料もお渡ししますし、そのパッケージを貸出すこともできますので、一声かけて下さいますように。

中学生・高校生が博物館に望むこと

（二〇〇一年一月二一日、琵琶湖博物館館長室にて）

滋賀県立守山高等学校二年生

安井《やすい》 彩《あや》

田中《たなか》 亜由子《あゆこ》

衣笠《きぬがさ》 友美子《ゆみこ》

岩澤《いわさわ》 佳奈《かな》

甲西町立（現湖南市立）甲西北中学校二年生

大西《おおにし》 佑季《ゆき》

阪本《さかもと》 いぶき

原《はら》 矩子《のりこ》

［司会・進行：中川 修］

ビワマスとニゴロブナ

司会　きょうは、中学生・高校生という若い世代のみなさんが、いま考えたり感じたりしていること、将来についてなど、いろいろ聞かせてほしいと楽しみにしてます。その前に館長の川那部さんからひと言。

川那部　私は京都生まれの京都育ちで、アユの調査から始め、ずっと川や湖の生物を調べてきました。京大を停年で退いてすぐこの博物館へ来たのですが、「湖と人間」の関係を扱うという理念に沿って、以前から好きだった文化的なことも考えに入れ、魚をめぐるさまざまな問題を調べてます。

とりあえずいま考えているのは、ビワマスを、江戸時代の俳人の句にもあるように、博物館の目の前でとって食べたい。それから私の子どものころと同じく、ニゴロブナのふなずしをこれもたくさん食べたいので、そうなるにはどうすればよいかということです。ところで、ふなずしは好きですか。

阪本　私は食べられます。

田中　私はちょっと苦手です。

琵琶湖博物館で好きなところは

司会　琵琶湖博物館へ来たことはどれほどありますか。

安井　私は近くの下物《おろしも》町に住んでいるんですが、申しわけのないことにじつは中学校のときに一回しか来たことがありません。琵琶湖の子なのにいちばん印象に残っているのは、何年も前の洗濯機やテレビの並んでいるところでした。

田中　家族で二回、中学生のときに一回、そして高校では理科の実習で来ました。展示室の地層の中にペットボトルとかが残っていたのが、すごい印象として残っています。

衣笠　私も理科の実習で来ました。また、いとこなどといっしょに来ることもあって、きょうで五回目ぐらい。見るだけでなく体験できるから楽しいし、いとこたちもそう言っています。

ニゴロブナ。琵琶湖固有の1種で、ふなずしの材料として最適なので、以前は「すしぶな」とも呼ばれた（松田尚一撮影）

岩澤　ここへは一回だけ来たことがあります。泳いでいるビワコオオナマズがいちばん印象に残っています。私は高知から転校してきたのですが、琵琶湖が汚いのを見てショックでした。湖での遊びも、いろいろあるけれどももう一つおもしろくありませんしね。

大西　去年の夏、一日学芸員として初めて来て、三回目になります。琵琶湖や滋賀県についていろいろ知ることができて、すばらしいところです。将来はアナウンサーになりたいんですが、自然のことなどもいろいろと紹介していきたいなと思います。

阪本　小学校のころから何度も来ています。最初のときに印象に残ったのはザリガニのある場所*でした。それ以後自由研究でも来ました。将来は国立公園のレンジャーになって、自然を守っていきたいと思っています。

原　琵琶湖博物館には、今まで自由研究などでも来て、小学校のときをあわせると、きょうで五回目になります。お父さん・お母さん時代の生活用品などの置いてあるところがいちばん好きです。

琵琶湖そのものを調べる

川那部　琵琶湖博物館は、建物の中で知識を得るだけではなく、湖そのものを調べるきっかけになることも願っているのですが、そういうこと

*ザリガニのある場所
「ディスカバリールーム」のこと。「子どもと博物館」の章の脚注（一〇三ページ）参照。

も教えてもらえませんか。すぐ北にある赤野井湾を調べた人もいるそうですね。

衣笠　放送部の大会で、琵琶湖を取材して全国に発表するため、自主的に湖を守る活動をしているグループのイベントに参加しました。赤野井湾へはそのときに行きました。水質の現状を聞いたり、疑問に思っていることなどをインタビューしました。

田中　地学の授業で、琵琶湖について調べる課題が出ました。気候と災害、また人々の暮らしと水質などを調べて、夏休みあけに発表しました。

衣笠　私も神奈川から引っ越してきたんですけど、大津で魚がいっぱい死んでいてショックでした。しかし赤野井湾は、少しずつだけどよくなってきていると聞きました。南湖の中にもきれいなところと汚いところがあるとか、ちょっとずつきれいになっているところがあるとか知って、すごく印象に残りました。

田中　小さい頃、琵琶湖のいろんなところに泳ぎに行って、場所によってきれい汚いがずいぶん違うなと思いました。でもふだん使う水道水は消毒されたきれいな水なので、どの程度琵琶湖が汚れているのかあまり認識はできないです。

岩澤　夏の渇水のときには、藻がすごく臭くて、あんまり近寄りたくなかったです。

大西　五年生のときにフローティング＝スクール*があって、琵琶湖の水質調査をしたのですが、すごく濁っていました。ずっと滋賀県に住んでいるんですけど、それで琵琶湖のイメージが悪くなりました。

川那部　一九六〇年代前半に、琵琶湖に関する詳しい調査があったのですが、そのころ北湖の水は沿岸でもそのまま飲んでいましたね。それがだんだん汚くなっているのは、確かな事実です。

衣笠　赤野井湾の取材で思ったんですが、教室で聞いただけでは理解しにくいことでも、琵琶湖に行って体験してみるとわかります。そして、これからどうしていかなければならないかを考えることが、大切だと思いました。

阪本　私が小さいころは、近くの川でコイがよく釣れていたのに、いまはブラックバス（オオクチバス）とかブルーギルとかが増えてきて、つまんないと思うようになりました。コンクリートで固められていることもあって、いまの川はあまり好きじゃないです。両親の実家の近くの川では泳ぐのですが、野洲川ではちょっと泳ぎたくないです。

川那部　蛇行していた川をまっすぐにして、そのうえ、陸と川とを完全に分けてしまいましたからね。

＊フローティング＝スクール
「うみのこ」と呼ばれる大型船に乗って琵琶湖について学ぶ、滋賀県教育委員会主催の学習コース。滋賀県内のすべての小学校の五年生全員に対して行われている。

教育船「うみのこ」

阪本　きれいなだけの川じゃなくて、生き物のたくさんいる川がよいのだと思います。生きものからいろんなことを学べるし楽しい。透き通っているほうがよいとは限らないので、プランクトンがたくさんいるような、少し濁った池などが私の望みなんです。

川那部　その通りですね。それにいまは、この川もあの川も同じ感じになってしまいました。川も湖岸も、場所ごとに独自なものであることが大切です。そのためには、教科書を読んでいるだけではだめ。外へ出て、それぞれの違いを知らなければなりません。

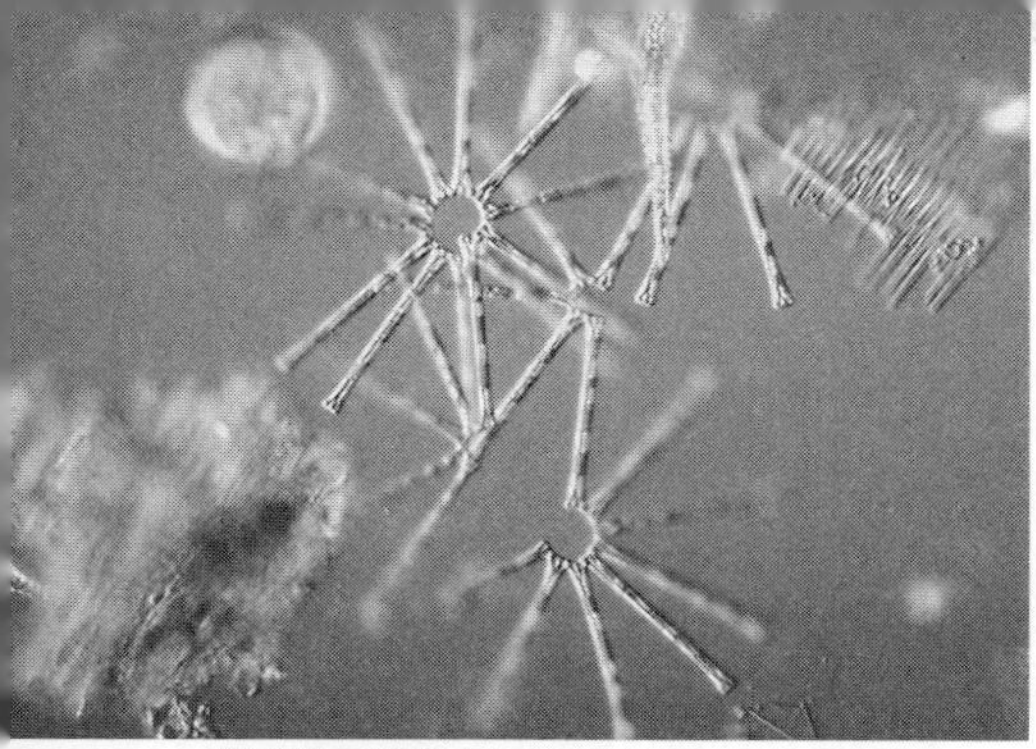

琵琶湖で採集されたプランクトンの一例。中央はホシガタケイソウ、その右上の櫛形のものはオビケイソウ

琵琶湖博物館に望むこと

司会　それでは最後に、「博物館でこんなことができたらよい」というような話もまじえながら、ひと言ずつしゃべってもらおうかな。

安井　せっかくこんないいところがあるのだから、もっと何度も来て、いろいろと琵琶湖について知りたいと思います。

田中　さっきも話が出たけど、自分で琵琶湖がどのくらい汚れているかを見ないとわからないので、資料だけではなくて、実際にどの程度汚れているかがわかるような、そういう展示があればいいなと思います。

衣笠　私もやっぱり実習とかで、実際に琵琶湖の水などを見られるような機会が、いっぱいほしいです。

岩澤　これまでは琵琶湖に来る機会があまりなかったので、南湖のほうしかあまり見たことがないんですよ。さっきこの琵琶湖にはいろいろな場所があると聞いたので、広くて行けないにしても、そういう写真をいっぱい見られたら楽しいなと思いました。

大西　今まで琵琶湖について深く考えたことがなかったけど、今年の自由研究で琵琶湖や生物のことをいろいろ知りました。もっといろんな発見ができるような博物館であってほしいと思います。

阪本　私たち三人で一日学芸員などの行事に出たけれど、すごく楽しくて、新しい発見もありました。そういうのが増えたら、もっとみんなにも伝わるかなと思います。

原　阪本さんも言いましたが、子ども一日学芸員で博物館の裏とかが見られて、とてもよかったです。そういうことがあれば、また来たいと思っています。

琵琶湖博物館の地学収蔵庫（地下にある）に搬入され、整理を待っている貴重な資料（2003年撮影）

川那部　水槽には多数の魚が泳いでいますが、あんなに魚がかたまっているところは、琵琶湖にはほとんどないのです。またたいていの場所は、あんなに水は透明ではない。だから、琵琶湖の沿岸の水はこれぐらい濁っているとか、魚の個体数はじつはこの程度に少ないとか、そういう展示も必要だと思っています。だが個体数を減らすのはともかく、濁った水を水槽の中で保つのはたいへんなのです。

　きょうは話してもらったわけですが、あなた方のほうから、「こんなおもしろいことができないか」「こんなことを調べてみたい」などと、積極的に提案してください。すべてに対応できるかどうかはわからないけれど、できるだけ受け入れて、作り直したいと思っています。

　地下の標本室には、地質でも生物でも民俗的なものでも、資料がたくさんあります。それも自分で使いながら、いろいろ野外で調べて、その結果をまた琵琶湖博物館の発展に使ってほしいものです。

まずは日曜日あたり、あるいは春や夏の休みに、琵琶湖や川や田んぼなど、外を調べ、考えてくださるとたいへんうれしいことです。きょうはどうもありがとう。

琵琶湖博物館動物乾燥標本収蔵庫（地下にある）に整理されている、チョウ（蝶）類の標本（2003年撮影）

日本列島の湖沼とその伝説

（二〇〇一年四月五日、琵琶湖博物館企画展示室にて）

写真家　中野《なかの》　晴生《はるお》

［司会・進行：用田　政晴］

一九五二年、三重県生まれ。大阪写真専門学校（現ビジュアルアーツ専門学校）中退。アフリカ・ヨーロッパ・中南米を回り、その後、「週刊新潮」特派カメラマンなどとして活躍している。日本写真家協会会員。『湖沼の伝説』（新潮社）の著書のほか、伊勢やパリの写真が数多い。

撮影の旅

司会　三月二七日から、「湖沼の伝説」と題する写真展を開催しています。今日はその写真家である中野晴生さんに、博物館へ来て頂いての対談です。

川那部　事前に同名の本*を見て、素晴しいと思ったのですが、展示されているものは、さらに桁外れに見事な美しい作品ですね。私が知っている湖もかなりありますが、こんなにきれいな季節や時間もあるのだなと感激すると同時に、私の貧しい印象を見事に深くするかたちの写真で、感銘を受けました。例えば然別《しかりべつ》湖*の写真。ここにはミヤベイワナ*という特別の魚が棲んでいるんですが、この写真には、そういう独特の感じが良く出ていますね。

中野　ありがとうございます。このテーマは、五年目になります。四五〇カ所の湖沼を回り、そのうちの二〇〇か所ぐらいの撮影をしました。

川那部　一つの湖で一度に、何枚ぐらい撮られるのですか。

中野　撮影機材が大きいので、一〇カット撮るのが精一杯です。機材総重量が三〇キロぐらいになり、それを担いで、小さい湖でしたら右に二回、左に二回ぐらい回ると、撮影ポイントが必ず見つかります。そこに

＊中野晴生／写真・文『湖沼の伝説』（二〇〇〇年、新潮社発行）

＊然別湖
北海道鹿追・上士幌両町の境に位置する、大雪山国立公園南端にある湖。標高八〇三メートル、面積三・四平方キロ。シカリベツは終わりがないの意と言う。

＊ミヤベイワナ
イワナ属オショロコマの然別湖だけに棲む亜種。ミヤベは、植物学研究者宮部金吾（札幌農学校（現北海道大学大学院農学研究科）教授）の名にちなむ。

三脚を据えて、カメラを組み立てます。そのときが自分の一番嬉しいときなんですね。シャッターを押してしまうともう、だらっとなってしまいます。

川那部 その機材も今回展示して頂いていますね。私の先生になる宮地傳三郎*さんなどは、ボートからいろいろな採集機械まで、全部を担いで山の湖の調査に行ったものだと言うことでしたが、それと同じですね。いや、岸から舟を下ろすのではなくて、周囲を巡るのだから、もっと大変かもしれません。

中野 その機材を持って、北は礼文《れぶん》島から、南は宮古島近くの下地《しもじ》島まで行きました。そして基本的には、朝日が昇るころから日が暮れるまで湖畔にいます。今回の展示では、「中野晴生の旅」という副題をつけて頂いたんですが、確かに僕の旅だったなと思いました。先にも申しましたように、一〇カット分のフイルムを持ち運ぶのが精一杯ですから、朝のうちにたくさん撮影すると、午後に素晴らしい場面が来てももう撮影出来ません。逆にもう少し待てばと思っていると、急に状況が変わったりして、フイルムを持ち帰ることもあります。

川那部 そうか、数多くの写真を撮影して、あとで選ばれるのではなくて、ぎりぎりに選んで撮影されるのですね。それが中野さんの写真の、

*宮地傳三郎 『琵琶湖の自然と文化』の章の脚注（四七ページ）参照。

あの美しさをもたらすのかも知れませんね。

近江の湖沼

司会　滋賀県内では、琵琶湖をはじめ、山東町*の三島池、余呉《よご》湖、比良《ひら》山上の小女郎《こじょろう》ヶ池を取り上げていらっしゃるのですけれど、ご印象は。

中野　余呉湖は、五年ほど前に撮ったものです。これを雑誌の編集長に見せたところ、おもしろいから連載をやってみようというきっかけになったものです。僕にとっては思い出深い湖です。

また、琵琶湖のような大きい湖は、写真でどう表現すれば良いのか、すごく悩みました。もうすでに皆さんが持っているイメージもありますから。だから、自分がどう感じたかを表現するのが難しかったのです。ちょうど新年号に入れたいというので、湖の向こうに昇る太陽を撮りました。琵琶湖の朝日は凄いですから。

川那部　湖自身の性質を扱っている者にとっては、琵琶湖と余呉湖は近くに並んでいるのですが、全く違った湖なんです。琵琶湖の水温は、夏は上が温かくて下が冷たいのですけれども、秋から春までは上下が一緒で七度ぐらい。だから鉛直方向に循環しているのです。それに対して余呉湖の冬は、表面の温度が零度ほどになるものですから、上の水が軽く

*山東町　現米原市。

て上下に混合しない。だから春と秋に二度循環するのです。琵琶湖は言わば亜熱帯の湖の北の限界、余呉湖は寒帯の湖の南限で、それが並んでいるのです。

比良山のあたりから見た早朝の琵琶湖（1998年11月24日、中野晴生撮影・提供）

中野　琵琶湖は凍らなくて、余呉湖は凍るのですね。

川那部　そうなんです。ところが今から一万年ぐらい前の氷期には、琵琶湖も秋と春とにだけ循環していました。逆に地球温暖化が進むと、余呉湖が秋から春まで、ずっと循環し続けるのです。もっとも今の余呉湖は人工が入りすぎてしまって、こう言う問題を論じることも出来なくなりましたが。

いろいろな伝説

川那部　中野さんの集められた各湖の伝説が、これまた素晴しいものですね。これは、どのようにして集められるのですか。「伝説集」などにいろいろ当たって、採用するかどうかを決められるのですか。

中野　いいえ。湖ごとに、地元の教育委員会で聞いたり、長老の方を紹介して頂いたりして、聞きとりをやるのが原則です。

川那部　写真撮影だけではないのですね。そうか、人文社会的な調査もご自分でなさるのですね。

中野　伝説のある湖の多い地方と、少ない地方とがあります。滋賀は長野や新潟とともに多いところなのです。北海道は土地が広いから別ですが。

司会　この博物館でも、琵琶湖にまつわる伝説というのをいくつか取り上げ、展示室で紹介しています。アユやゲンゴロウブナはもちろん、「おいさ」という人が出てくる魚イサザの話も紹介をしています。他の湖にも、魚が登場する話がありましたね。

中野　長野県の北竜湖には、「あしり」というコイの話がありますし、奈良県の本堂池はウマがワタカという魚になります。

川那部　今回の展示の中にも、鹿児島の鰻《うなぎ》池でしたか、大きいオオウナギが排水口を堰《せ》き止めてしまった話も、出ていましたね。

中野　そうです。詰まってしまって、それを捕ったというものです。最初は湖の伝説といえば、蛇とか龍とかの話ばかりだろうと思っていたのですが、然別湖はヒグマですし、新潟県の神代池はチョウが出てきます。それに人里に近い湖とか沼とか池には、多くの伝説が残っているものですね。

伊勢の地から

川那部　確か、中野さんのご自宅は伊勢とお聞きしましたが。

中野　実家は、魚屋をやっております。伊勢神宮に神饌《しんせん》*として、お魚を持ってあがってお供えするのです。

川那部　海の魚も、川や池の魚も、両方ともですか。

中野　はい。両方ともです。私は小さいときから、一〇月から五月までは毎日タイを一二匹ずつ、外宮《げくう》*のほうに持ってあがったものです。そして、夏のあいだは乾物になるんです。そして、合間合間のお祭りのときには、また違うお魚になります。エビとかアワビとか。

川那部　なるほど。やっぱりタイがいちばん大事な魚なんですね。

＊神饌
神前に供える酒食。稲・米・酒・鳥獣・魚介・果実・野菜・塩・水などを用いる。

＊外宮
伊勢神宮の豊受《とようけ》大神宮のこと。祭神豊受大《おお》神《みかみ》は穀物の神。これに対して、天照大神《あまてらすおおみかみ》を祭る皇大《こうだい》神宮を内宮《ないくう》と呼ぶ。

中野　そうです。一年を通してみると、やっぱり多いと思います。

川那部　そういうところのお生まれが、何か写真や伝説に関係していますか。

中野　実家の近くに二つ池というのがありまして、そこが撮影の最初の練習台だったのですが、親父やお袋が心配しましてね。あそこには龍がいるというのです。あまり近寄ると、落ちるというのです。そこで、そういう伝説を聞き回ることを始めたわけです。

川那部　なるほど。伊勢は中野さんご自身の生まれ故郷であるだけではなくて、「湖沼の伝説」の生まれ故郷でもあるわけだ。

湖の主が撮りたい

司会　「湖沼の伝説」という主題で展示をやらせて頂いたわけですが、中野さんは礼文島から宮古島まで歩かれて、湖沼の環境についてのご感想などをお聞かせ下さい。

中野　回ってみまして驚いたのは、ごみが多いことです。どの湖でも最初の一時間は、長靴を履いて火箸みたいなものを持って、ごみを取るという作業をやりました。

川那部　今おっしゃって、初めて気が付きました。確かにそういえば写真の中にごみや何やらは、全くありませんね。あれは全部ご自分で、処分なさった後なわけですね。

中野　四五〇か所を多少はきれいにしたと思います。

川那部　ご自分でおやりになったことも尊いけれど、この美しい写真を見る人の心の中に、人間のものとして美しい環境を守ろうとする気持ちが、少しずつかもしれませんが、生まれてくるのではないでしょうか。

中野　私の今の夢は、その池や湖にいる主を写真に撮りたいということです。龍なら龍の写真を。

川那部　うーん。それは面白いですね。湖や池に棲み、その自然を守っている主。中野さんの写真はどれも、それを彷彿《ほうふつ》とさせるものだと思いますが、その主自身が出てくると、これは圧倒的でしょうね。

中野　必ずやりたいと思います。叶うかどうかわかりませんけれど。

川那部　いやいや。心から期待しています。

私たちの歌

——湖沼会議に寄せる——

（二〇〇一年六月二日、琵琶湖博物館応接室にて）

歌手　加藤《かとう》　登紀子《ときこ》

［司会・進行：嘉田　由紀子］

一九四三年、旧満州（現中華人民共和国）黒竜江省生まれ。東京大学文学部卒。六六年に歌手としてデビュー。七一年「知床旅情」で日本レコード大賞歌唱賞を受け、ミリオンセラーとなる。「百万本のバラ」・「ひとり寝の子守歌」などのほか、宮崎駿監督の『紅の豚』で「さくらんぼの実る頃」を担当。俳優としても活躍。フランス政府シュバリェ勲章受章。現在、国連環境計画親善大使でもある。『My Best Album』・『どこにいても私』（ともにユニバーサル＝ミュージック）など多数のＣＤのほか、『絆』（藤原書店）などの著書もある。ホームページ：http://www.tokiko.com/index3.htm

先祖はともに琵琶湖のほとり

加藤　父の家系は琵琶湖のほとりで、守山市木浜《このはま》の津田という家なんです。祖父が京都に出て、呉服屋を始めました。歌手になったあと父は、「琵琶湖に行ったら木浜に寄れ」とよく言っていました。

川那部　木浜はこの琵琶湖博物館のすぐ近くの、まさに湖に面したむらですね。私は京都生まれの京都育ちですが、三九〇年ほど前に加藤さんと同じ守山市の金森《かねがもり》から移ってきたのだそうです。

司会　お二人とも、先祖は琵琶湖の畔《ほとり》だったんですね。これは意外でした。

琵琶湖の表情とくらし

加藤　今年から嘉田さんの呼びかけもあって、琵琶湖にこだわり始めたんです。それでこだわればこだわるほど、琵琶湖を何も知らなかったんだなあと思うようになってきました。例えば琵琶湖の島の中で唯一、人がずっと住んでいる沖島で、琵琶湖と深くかかわっている暮らしを目のあたりにすると、びっくりするばかりです。

また去年から凝り始めて、マキノ*からずっと北のほうをあちこち動きながら、写真を撮っているんですが、琵琶湖の表情はほんとうにもう千

*マキノ　現高島市。

変万化ですね。それも以前の姿がまだまだ残っていますし…。

川那部　そうですね。私は一九六〇年代前半に三年間、かなり時間を費やして、みんなで生物をいろいろ調べたことがあります。まだ琵琶湖を一日では、車でも一周することの困難な状態でした。

博物館へ来てから五年になるんですが、それ以後はまだ、そのときのようにきちんと琵琶湖を回ったことがありません。必要なとき必要な地点にぽっと行く程度で、まことに残念です。あちこちに心を引かれるところがあるので、じっくりと改めて調べたいと思ってはいるのですが…。

加藤　昨日、礼文島・利尻《りしり》島から帰ってきたのですけれど、島の魅力と湖の魅力とは、水と陸とは逆ですが、何か一体感があるという点では同じですね。周辺が一つの輪になっていて、内に向かうエネルギー、そういう吸引力があります。

琵琶湖は少し規模が大きいですけれども、やっぱりそういうものが琵琶湖の周辺の人にも、あるんじゃないかと思って…。

司会　地に足が着いているといいますか…。近江では、三世代経たないと一人前には認められないとよく言われます。これは今まで、排他的であるとか言われ批判もされて来たようですけど、一方的に悪いところじゃなく、そこの地に暮らすことに自信を持ち、ちゃんと先祖代々のつながりを大事にしていることなんです。声を荒らげずに、こっそりとですけれど…。「在地」とでもいうのでしょうか。

加藤　琵琶湖の畔には今でも、昔ながらの生物の営みがある、しかもいろいろな昆虫や魚が、まだ人々の暮らしに溶け込んでいる、という番組が先日ありましたね。あれは素晴らしい作品でした。

司会　今森光彦さんの映像でしょう？　昔はあたりまえのことでほとんど誰も関心を持たなかった、忘れられていて今まで光が当たらなかったことが、少し気にし始められたところですね。

加藤　ナマズたちが月夜の晩でしたか、琵琶湖から田んぼなどへ上がってきたりして…。

川那部　しかし、そういう場所ももう、ほんの一部になってしまいました。子どものころから琵琶湖へは、泳いだり何かするのに良く来ていましたが、当時はナマズはもちろん、ワタカという魚なども田んぼへ上がって来ていた。琵琶湖と周囲は一体で、湖からやって来る魚などはそのあたりのどこでも、ちゃんと「おかず」にしておられたと記憶しています。それがだんだんなくなってきました。

湖沼会議への期待

加藤　最近の琵琶湖の話題は、やはり世界湖沼会議*でしょう？　いろいろな新しい動きが始まっているそうですね。

川那部　今までの湖沼会議では、最初と最後の全体集会はともかくとして、研究者は研究者、行政は行政、住民は住民と、それぞれ別の分科会に集まるというのが、ずっと続いていたようです。この会議はそもそも、いろんな立場の人々がいっしょに考えようというのが、最初からの趣旨だったそうですから、それならそれをごちゃ混ぜにして、ほんとうにいろいろな人が寄り集まって、みんなで議論しようと考えたんです。

また各研究者は、それぞれ専門用語つまり「業界」用語を使うことが多いのです。しかしそれでは一般の人には理解できない。いや、専門の異なった研究者どうしも互いにわからないのです。ですから「みんな普通の言葉で喋りましょう」と。そうすればみんなわかる。いや、それによって専門家も、自分たちの学問の基盤を洗い直せるのですから。

司会　それから、漁師さんとか家庭の主婦とか、いろいろ地域で活動をしているみなさんに呼びかけて、「あなたがやっていることこそが大事だ」ということで、会議に参加してもらおうと声をかけました。海外から来

*世界湖沼会議
　ここにあるのは、二〇〇一年の第九回の会議のこと。第一回のことなどは、「琵琶湖の自然と文化」の章（とくに三一〜三五ページ）を参照。

た人にとっては、研究者どうしの話よりも、琵琶湖に来てここの人たちの活動をむしろ知りたいようですから。発表予定者の中で、地域の人が一割以上になったようです。湖沼会議も少しは住民寄りになったかな、とも思っています。

加藤　専門の学者さんに専門用語を使わずに、わかりやすく話をしてもらい、住民の方々も聞くだけでなく発表に参加できるなんて、素晴らしいことですね。

川那部　心配する人もいないわけではありません。しかし数年前にやった「古代湖会議*」では、専門家の話に住民の人がどんどん質問して下さいました。だからやりようによっては大丈夫と、まあ私自身は一つの試みとして、楽観しているのですが…。

司会　その会議でも、沖島の漁協の方に話をしてもらったのですが、それに外国の人がとっても興味を持たれました。

川那部　湖沼会議も、そのあたりからほんとうの論議が始まるはずと、確信しているのです。

琵琶湖周航歌に続くもの

司会　湖沼会議にむけて、琵琶湖の新しい歌を作っておられますが、そ

＊古代湖会議
「生物多様性は、命の賑わいそのものです」の章の脚注（六三ページ）参照。

の基本の考えなどお聞かせいただけますか。

加藤　音楽を作ろうという動きもあり、いろんなメッセージを集めようというのもあり、いろいろなんですけれど…。私としては、まだ琵琶湖について知らないことがいっぱいあるので、先ずは性急じゃなく、じっくりと考えてみたいのです。

どういう歌だったら根が生えるのかは、歌手としての私の課題です。ほとんどの歌は、一過性で終わるものなんです。ほんのいくつかの種子だけが残るんですね。直感だったり、偶然だったり、歌い手の努力だったり、聞いて下さる人々の努力だったり、あるいはその歌の宿命みたいなものだったり。いろいろ複数の条件があると思うのですけれど、いったいどういう種子だったら、人の心とその土の上に残る歌になるのか、それは謎のままなんです。それを解かないとね。

司会　加藤さんがまず地域の人たちのくらしの現実にはいりこんで、と言ってくださるのがうれしくて各地をご案内しています。

加藤　いろんな歴史的な事実や、いろんな人の話のなかから、すきまからその人の人生がこぼれて見えるような、あるいは「ずきっ」とくる、「たらっ」と血が流れるような、そういうたった「ひとこと」を集めたいと思っているんです。そのまま歌詞になるものではないけれども、それに触れないと私は、あの「琵琶湖周航歌」*には勝てないだろうと…。

だから、ほんとうに凝縮されたあの歌の次に、もっと具体的に琵琶湖と触れ合った人の、「しずく」が凝縮されたものを私がキャッチできるようにと、それを目指しています。

司会　周航の歌はどちらかというと旅人の目、いま考えておられる歌は「地元の目」と言えるでしょうか。

加藤　以前に、「お婆さんからの歴史」というのを雑誌で連載させてもらったことがあって、いろんなお婆さんをピックアップして、その方々に会いに行って話を聞くというのをしたことがあります。

そのとき、標準語で話すお婆さんからは、なかなか物語が生まれないのです。そうではなくて、昔からそこでただふつうに暮らしてきた農家のお婆ちゃんとかが、そこの言葉で話されるものには、「語り」があるのです。そんな心を大切にしたいですね。

川那部　そうですね。「二一世紀の新しいくらし」をほんとうに考えるためには、土着の智恵が大切ですね。堪えながら、あがきながら、ずっとやって来た暮らしがね。言われたような、まさに「しずく」の滴る、そんな歌の完成を期待しております。

加藤　凝縮された一つの歌に辿りつくことを一方では目指すのですが、

＊琵琶湖周航歌　第三高等学校（現京都大学）の歌として一九一九年に出来たもので、小口太郎作詞・吉田千秋原曲とされる。第一連は次の通り。「われは湖《うみ》の子さすらいの　旅にしあればしみじみと　のぼる狭霧《さぎり》やさざなみの　志賀《しが》の都よいざさらば」

みんなの努力の渦巻きを全部すくいあげて、いろんなものを作る。そういうダイナミズムが活きるようなものにしたいとも考えております。

琵琶湖畔、生家の守山市木浜近くにたたずむ加藤さん（加藤純子提供）

ナマズの魅力

(二〇〇一年一〇月一八日、琵琶湖博物館ホールにて)

生き物文化史研究者、日本動物園水族館協会　総裁
秋篠宮《あきしののみや》　文仁《ふみひと》

文化人類学研究者、国立民族博物館　教授
秋道《あきみち》　智彌《ともや》

[進行:前畑　政善]

一九六五年、東京都生まれ。学習院大学法学部卒。ナマズや鳥類の研究で知られ、生き物文化誌学会はその提唱によって作られたもの。現在山階鳥類研究所・日本動物園水族館協会の総裁も務める。『欧州家禽図鑑』(平凡社、柿澤亮三ほかと共著)・『鶏と人—民族生物学の視点から』(小学館)などの著書のほか、『野鶏の分子系統および家鶏の起源』の論文などがある。

一九四六年、京都府生まれ。東京大学大学院理学研究科修了。国立民族学博物館を経て、二〇〇一年から人間文化研究機構総合地球環境学研究所教授。日本と太平洋・東南アジアを対象地域に、自然と人間の関係性とその歴史的変容を研究。『アユと日本人』(丸善ライブラリー)・『海洋民族学』(東京大学出版会)・『コモンズの人類学』(人文書院)などの著書がある。

川那部　御承知のように、日本列島にはナマズが三種いますが、このうちイワトコナマズとビワコオオナマズは、琵琶湖の特産です。この湖に三種いることとは、昔から漁師さんはよく知っていたようですね、味が全く違いますから。江戸後期の本にもそれは書いてあるのですが、近代的な記載をしたのは、なんとわずか四〇年前、友田淑郎《よしお》*さんによるものです。

秋道　ナマズ類（ナマズ目）は世界的にみれば、主な大陸の中緯度から低緯度にかけて広く分布していますね。殿下もこれまで世界各地で、あるいはタイなどに行かれたおり、ナマズを多くごらんになられています。

秋篠宮　私がみたのは、二〇〜三〇種ほどだと思いますけれども、東南アジアだけでも百種以上はいるんじゃないでしょうか。

秋道　確認されているだけでもナマズは、二四〇〇種になるそうです。大きさはどんなものでしょうか。

秋篠宮　これまで見た中では、三メートル五〇センチのヨーロッパオオナマズの剥製が一番大きかったですね。

川那部　小さいほうは、成熟しても二センチぐらいと聞いています。

秋道　大きさだけでなくて、形もずいぶん違いますね。二四〇〇種のうち、かなりのものは中南米に分布しています。しかし、アジアだけとかアフリカだけとか、あるいは琵琶湖だけにしか見られないというような、

＊友田淑郎
魚類学研究者（一九二二〜）。国立科学博物館などに勤めた。『琵琶湖とナマズ』（汐文社）『琵琶湖のいまとむかし』（青木書店）などの著書がある。

狭い範囲にしか分布していないのもあって、ナマズの多様性みたいなところは、なかなか面白いと思います。

人とナマズと祭と食

秋篠宮　タイにはプラーブックというナマズがいますが、プラーはタイ語ではお魚のことでして、ブックは大きいという意味になります。このナマズは重さで二五〇〜三〇〇キロ、長さでは三メートル近くにまで成長します。タイのチエンラーイ県チエンコーン郡のハートクライという村には、プラーブックの捕獲儀礼があります。現在ではかなり観光化されていて、それが行われる場所は、数千人程が収容できる広場があって、「村おこし」的な、観光の一つの目玉という位置付けになっています。それでわれわれ観客のほうは、それを本当の儀礼だと思って見ているわけなんです。実際には、それの行われる前日に、河畔の繁みのなかにあるひっそりとしたところで、村人だけの本来の儀礼が行われています。

しかし最近は、このプラーブックも個体数が減っていると言われていまして。原因はよくわかりませんが、乱獲もあるようです。以前は獲ったものはレストランなどに売られて食用とされていたのですが、最近、一九九六年ごろからは、獲れてもまた河に放生するようになっています。

秋道　滋賀県では神様へ供える、「ナマズのなれずし」の儀礼がありますね。ドジョウといっしょに…。

川那部　今年五月に、私もはじめていただいて、賞味しました。それに琵琶湖固有のイワトコナマズはたいへん旨くて、大好きなものです。以前は京都にある鯰《なまず》料理屋さんで食べられたのですが、最近は漁師さんにとくにお願いして、「獲れた」との通知を受けて、すぐ受け取りに行くような状態で、昔に比べれば、数がうんと減っているのは事実ですね。鍋にするのがとくによろしい。

秋道　私もときどき鯰料理のお店で食べますが、蒲焼きのすごいのがでますね。もうあれはステーキとかとろ以上、そしてそれらよりもあっさりしていて、美味しいですね。

秋篠宮　プラーブックの味もなかなかです。でもイワトコナマズと違って、南米のピラルクー*なんかと同じように、魚というよりもどちらかというと肉に近い感覚ですね。中国系の人々のあいだでは、「コウメイギョ（魚）」という名で売られています。「コウメイ」とは「諸葛孔明《しょかつこうめい》」です。つまり、プラーブックは諸葛孔明の生まれかわりとも言われています。

川那部　三国志の孔明ですか。頭がいいという意味でしょうか。（笑）

秋道　それでいて、タイの人も中国人も食べるわけです。

*ピラルクー（pirarucu）
アマゾン川とくにオリノコ川に棲むオステオグロッソ科の魚食魚。最大二・五メートル程にもなる。ブラジル連邦共和国では輸出が禁止されている。

描かれた鯰

秋篠宮　「世界遺産」としても有名なカンボジアのアンコール遺跡には、漁撈《ぎょろう》の様子の描かれたレリーフ、浮き彫りがあります。コイの仲間が多いのですが、ナマズらしきものも描かれています。ひげがあって、何かぬめっとした感じで…。一つしかみあたりませんでしたから、クメールの人たちはマイナーなイメージを持っていたのかな、という気もしますが…。近くにはトンレサープ*という琵琶湖の何倍もある大きな湖があります。

カンボジアで面積最大の湖、トンレサープの増水時の風景（1999年９月28日、用田政晴撮影）

川那部　雨季と乾季で、水位が大きく変動して、大きさもうんとかわる湖ですね。

秋篠宮　ええ。以前は手ですくえば魚が獲れるというほどいたといいますが、最近は少なくなっているようです。ここでもおそらく何らかのかたちで人とナマズとの関わりがあったことは間違いなかろうかと思います。また、オー

*トンレサープ（Tonle Sap）
日本ではトンレサップと呼ばれることの多いカンボジア王国の湖。メコン川の流水量の季節変動に伴って、面積で三倍程度変動する。淡水魚の世界有数の漁場としても知られる。

ストラリアのアボリジニの人たちが描いている樹皮画にも、けっこうナマズの仲間が登場します。人間とナマズと鵜《ウ》、そして池が輪廻《りんね》のように循環しているとの考えのようでして、神聖視されているようです。

秋道　西アフリカには、象牙にナマズを彫り込んだものがあります。大英博物館の所蔵品ですが、イギリスの研究者によれば、ナマズは乾期には地中に潜り、雨が降ると出てくる。そのような存在は、ちょうど自分たちのところに急に現れた、ポルトガル兵士のようなもの。だからシンボルとして、象牙に施したポルトガル兵士像のひざにナマズを刻み込んだのだそうです。

川那部　関西では、瓢箪《ひょうたん》でナマズを押さえる絵が通常ですね。室町時代の「瓢鮎図《ひょうねんず》」から始まって、大津絵にはたくさんあります。いっぽう関東では、石がナマズを押さえることになりますね。いわゆる「鯰絵《なまずえ》」です。

秋道　「要石《かなめいし》」の絵ですね。鹿島明神さんが押さえている絵なんかもはやりました。ところで九州中部は、阿蘇信仰が非常にさかんなところですが、ナマズを信仰する阿蘇系の神社がいくつもございますね。

秋篠宮　阿蘇の国造神社に参りますと、小さい祠《ほこら》があって、その中に御神体としてナマズがお祀りされています。阿蘇の鯰信仰は、かなり古いものだと思います。「地震と鯰」よりももっと古い時代から、日本人とナマズはつながりがあったわけです。

秋道　阿蘇では、瓢箪にも石にも押さえられていないのです。

「生きもの学」のすすめ

川那部　話が飛びますが、人間というのは、住んでいる周りの自然を長い時間かけて利用し、うまい共存関係をつくってきたわけですね。琵琶湖付近でいうと、たとえば梅雨のころになると、水位が当然に上がってくる。そこで、ナマズをはじめ多くの魚が周辺の川や溝に遡上し、田んぼまで来て産卵します。いわば水路の大きくなったものとして、魚は田んぼを認識してきたわけです。人間のほうは、またそれを利用して生きていきます。長く冠水して田んぼの米が少なくしか収穫できない年は、魚がたくさん獲れるから、なれずしなどにして保存します。このようにして、生きものを中心とする自然と見事に関係して、文化をつくりあげてきました。しかし現在は、琵琶湖の水位は梅雨のころには、逆に下げるようになっています。ナマズにとっては、全くありえないはずのことが起こっているわけですね。こう言う状態は、魚だけでなくて、現在の人間の文化にも大きい影響を与えているのではないでしょうか。

秋篠宮　われわれが現在生きものを認識しているのは、図鑑ででも何でも、リンネ*以来の体系、つまり自然分類・生物分類と言われるものによってです。これは世界中で共通の認識ができるという意味で、非常にすぐれた方法ですが、そのいっぽうで同じ魚でも、異なる文化の中では違って認識されていることも事実です。たとえばナマズを食べる・食べないなど、いろんな文化があるわけです。つまり人の接し方によって、その生きものはまったく違うものにもなってくる。言いかたをかえると、地域の人たちに投影される文化表象の違いですね。そういう生きもの観。「生物」というより、私は「生きもの」というほうが好きなんですが、私たち日本人の中での地域による違いなどについても、これからはもっと再認識をして行くのがいいのではないでしょうか。

秋道　「生きもの学」は、文化や歴史をぬきにして語れないものです。わけているのは研究者で、その地域の人たちは、「もの自体」として考えています。私たちが学んでいく点は、そうした地域の視点や考え方であろうと思います。「これだけはやめてくれ」と言うのは、研究者の立場かもしれませんが、地元の人も「これだけはやめろ」と主張できる、いや、しなければいけない時代ではないでしょうか。

*リンネ（Carl von Linné）
　スウェーデンの博物学研究者（一七〇七～七八）。三五年に動・植・鉱物を扱った『自然の体系』を出版し、その後生物の学名に二名法を用いること(例：ヒトは*Homo sapiens*、イネは*Oryza sativa*）の先駆となった。

この鼎談の詳しいものは、『淡海《おうみ》文庫26　鯰—魚と文化の多様性—』（二〇〇三年、サンライズ出版発行）に収録されている。

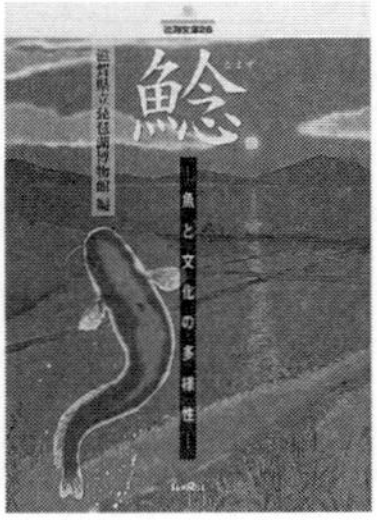

展示を考える

（二〇〇一年一二月二〇日、琵琶湖博物館館長室にて）

琵琶湖博物館　展示交流員
松岡《まつおか》　治子《はるこ》
青木《あおき》　伸子《のぶこ》

ハンズ－オン　プランナー
染川《そめかわ》　香澄《かすみ》

［進行：芦谷　美奈子］

一九九六年から二〇〇四年まで、㈱コングレ派遣の琵琶湖博物館展示交流員。

一九九七年から二〇〇二年まで、コングレ派遣の琵琶湖博物館展示交流員。同年からの交流事業担当嘱託員を〇七年に退職。現在、琵琶湖博物館特別研究員。

一九五四年、東京都生まれ。児童図書館で司書として勤務後、ボストン・ニューヨークなどの博物館・大学で研修。その後、「ハンズ・オン・プランニング」を主催して、展示評価・企画展製作案作成など博物館に関わる仕事に従事。『子どものための博物館』（岩波書店）・『ハンズ・オンは楽しい』（工作社、吹田恭子と共著）などの著書がある。

展示を材料に展示する展示交流員の役割

青木　琵琶湖博物館には私たち展示交流員がいて、来て下さるお客様のお相手をしています。染川さんは、日本ではあまり多くない、利用者の立場に立った博物館づくりの仕事をされていらっしゃいますが、以前どこかで、私たちに似たお仕事をなさっていらっしゃったそうですね。

染川　一〇年ほど前に、ボストン子ども博物館*で、四か月ばかりしていました。そこで、最初に館長さんが、「来館者には、館長や学芸員の誰よりも展示場に立つみなさん一人一人のほうが、ずっと重要な立場なので宜しくお願いします」と言われたのが、印象に残っています。

川那部　うちの展示交流員も、まさに同じですね。

松岡　それでも、私たちの存在に全く気がつかない来館者もいらっしゃるんですよ。かなり派手な格好をしているのに。（笑）

染川　多くの来館者は、「勉強」をしようと思って博物館に来ているわけではないので、展示交流員とのふれあいの中で、「楽しく」、知らず知らずに学んでいただくのが理想ですね。

川那部　楽しいこともありますか。

青木　例えば、琵琶湖のおいたち展示室に、真四角に結晶した黄鉄鉱《おうてっこう》*が

*ボストン子ども博物館
「子どもと博物館」の章（一〇一～一一一ページ）参照。

*黄鉄鉱
鉄と硫黄からなる淡黄色をした鉱物。六面体の結晶のほか、八面体や塊状で産出する。

おいてあります。「これは天然か」と尋ねられましたので、「石の世界にもルールがあって、こういうかたちの結晶になる」とお話ししたら、感動して下さって、山梨の方だったんですが、後でワインを送って頂いたんです。これはおいしい思い出です。（笑）

　腰につけている鞄の中に、「何が入れてあるのか」ともよく聞かれます。私の場合は来館者の名刺です。「また来るから」などと下さるわけで、そういう感動もあります。

松岡　私たちは、館内の展示の説明をするだけでなくて、「琵琶湖とその周りの自然とくらしこそが本物の博物館」と言う、ここの理念にしたがって、来館者を野外（フィールド）へお誘いするのが最終的には仕事です。だけど来館者の方々は百人百様ですし、こういうお誘いには一定の基準がないので、毎日が試行錯誤の連続です。来館者の反応は、展示交流員が一番良くわかりますので、それを学芸員なりにうまく伝えることも仕事なの

琵琶湖博物館「湖の環境と人びとのくらし」展示室、冨江家展示のカワヤのところで来館者と話す展示交流員（右端）（2003年、杉谷博隆撮影）

ですけれど、まだ今のところ十分にできていません。

染川　いえいえ。外から見ていると影響は大きいと感じますよ。

それは子ども博物館からはじまった。

染川　実はね、単なる説明者ではない、展示交流員のようなものは、世界的には、子ども博物館から始まったんですよ。

川那部　へえ。どうしてですか。

染川　博物館は強制的に来させられるところではないので、来てもらうためには子どもにとっての楽しい仕掛けがたくさん必要でしょ。そのひとつとして、展示場で博物館や展示と子どもの間に立って橋渡しをする人が生まれたのでしょうね。子ども博物館は利用者の立場に立って博物館運営を考えた先駆者だと言えます。

　ところでボストン子ども博物館には、私が世界で一番好きな展示があるんです。琵琶湖博物館にも来られたズボルフスキーさんの作品*で、ゴルフボールを転がして遊ぶ展示です。子どもが階段を登ってレールの上にゴルフボールを置くと、うまくいったときはボールが最後まで落ちる。ボールの動きはもちろん科学法則に従っているんですが、一応説明はあるものの、子どもは何回もやってみて、どんなときにボールが最後まで

*ズボルフスキーさんの作品
「子どもと博物館」の章参照。

落ちるかを体で覚えるわけです。その横でそれを見ている展示場のスタッフは、理論の解説はしません。どうしてかなと、体で覚えるのを手伝うのです。子どもたちは、学校でのちに物理を習って、「あのとき一時間も二時間も遊んでいたのは、このことか」と判るわけです。

川那部　ボストン子ども博物館には一度しか行ってないんですが、いまおっしゃったのは中でも圧巻ですね。

ハンズ－オン展示もまた

染川　アメリカには子ども博物館の協会があって、年一回全国大会をやっているのですが、最近は一般の博物館からの参加者が増えてきています。子ども博物館のやりかたを吸収しようと意気込んでいるんですよ。

松岡　子ども博物館が、世界中でそんなに注目されている理由は何なんでしょうか。

川那部　「触れる」あるいは「触る」展示からはじまったいわゆる「ハンズ－オン」も、やはり子ども博物館からでしたね。

染川　そうです。すばらしい展示には、おとな用も子ども用もないと思うんです。「腑に落ちる」展示、その一つのありかたがハンズ－オン展示です。

川那部　染川さんはそれの大権威でもありますから、そちらのこともここでぜひ話して下さい。

染川　ハンズ－オンは辞書では「触る」とか「実践的な」って訳されてますが、あとの方の「実践的な」がもっとも言い当てています。子どもが何かを学ぶときは、例えば六歳だったら、その子が生まれてから六歳のその日までに自分が経験してきたことを総動員して新しいことを理解するしか方法がないと思うのですが、ハンズ－オンは、今までに蓄積された経験の上にちゃんと乗っかれるような実践的な体験ができるようにする、つまり経験が再構築されて初めて、目的を達成したことになるんです。

川那部　単に「触れる」「触る」を超えて、「夢中になる」ことによって、「楽しみながら感じる」来館者の反応は、子どもの方が確かにはっきりするでしょうね。

染川　子どもを相手にどうすればよいかを、博物館の側がいろいろ考えていたら、来館者の興味の持ちかたや行動をよく調査して、展示や活動に常にフィードバックしていくことが、成功の秘訣であると判ってきたんです。

川那部　なるほど…。作る人々が最初に何かを決めて、ただ進めるのではなくて、それを来館者がどう使うかを見ながら、次々に変えていくやりかたですね。
あまりに悪くしてしまった琵琶湖の周りの環境を、保全するために手を加えることがいま始まっています。最初は、設計図を描いて工事を進めたら、何が起こってももう変えないという、従来通りのやり方を踏襲しそうだったのですが、「おずおずと」進めながらいつも点検し、問題があればすぐに考え直しやり直す、いわば「適応的管理」が始まりそうです。これなどは、似た考えですね。

琵琶湖博物館に望むこと

川那部　展示交流員の有志が最近、アンケートをまとめたり交流メモを分析したりして、「展示交流員って知ってる?」という小冊子を作られましたね。何か話して下さいませんか。

青木　来館者アンケートを担当したのですが、リピーターが多いのもこの博物館の特徴だと思います。そんな中でも、六割の来館者の方が私たちを知らないという結果にショックを受けました。まだまだ、これからなんだという思いでいます。

松岡　開館以来何年間も展示交流に携わっていて、本当に今自分がしている展示交流ってこれでいいのかなという疑問と不安がいつもつきまとっていたんですね。私は琵琶湖博物館以外の博物館関係者のアンケートを担当したんですが、結果は展示交流員の活動に対して九二・九％のプラス評価でした。嬉しいというより驚きの方が多くてかえって身の引き締まる思いです。結果もさることながら、冊子にまとめる過程でいろいろ考えたことがとても役に立って、私としてはそういった中から環境保全ミッションとしての展示交流員という位置付けに気が付いたり、自覚が生まれて、一歩を踏み出して良かったと思いました。

川那部　染川さん。最後にこの博物館への要求をお願いします。

染川　いまの琵琶湖博物館もとても好きなので困りますが…。贅沢を言うとですねぇ。（笑）　展示交流員さんには、ここでの活動をさまざまなかたちでさらに全国に発信して欲しいです。ここの学芸員さんは、事業と研究の両面をするわけだから、とてもたいへんだとは思うんですが、学芸員には博物館学や来館者研究をもっとしていって欲しいです。

川那部　展示交流員さんには、最初の話にもあったように、いろいろな試みを毎日見事にやって貰っているわけだから、学芸員ももっとさまざまに試みよということですね。今日は、ほんとうにありがとうございました。

湖辺のむらの資源利用

（二〇〇二年四月一日、守山市赤野井町　赤野井自治会館にて）

赤野井自治会

安井《やすい》 四加三《しかぞう》

真田《さなだ》 昇《のぼる》

三品《みしな》 巌《いわお》

［司会・進行：橋本 道範］

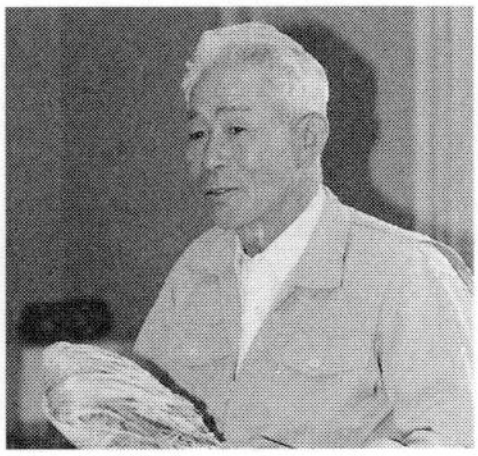

守山市赤野井町において、自治会の役員等を務め、地域の文化を伝承している。

祭は三二年がひとまわり

司会　真田さんと安井さんには先日、博物館の「はしかけさん」*たちに対して、ささら*作りの指導をして頂きました。でき上がったささらで、長刀《なぎなた》祭のビデオにあわせて皆で演奏し、お子さんにも喜んで貰えました。

川那部　赤野井でのお祭は、一昨年拝見しましたが、太鼓に合わせていろいろな道中があり、ささらや笛の伴奏で、音頭が唄われますね。勇壮な長刀踊りもある。すばらしいものですね。

三品　祭の当番は八つのむらを回っています。赤野井には八年に一度くるのですが、そのむらで少しずつ違うんです。音頭の文句も、そのむらむらの中が分けられていて、太鼓打ちは順番に分担します。

安井　赤野井には、馬場《ばんば》・川端《かばた》・西之辻・浜と、四在地《ざいじ》があります。馬場の次は川端と、順番がまわります。赤野井は八年目にしかあたらんし、赤野井の中で四つが順番にやるので、三二年経たんことには、その在地へは来ないというわけです。

川那部　三二年というと、一世代ですね。ちょうどそれで伝承されるのかもしれませんね。それはそうと、小津神社*のお祭をするのは、いつ頃から始まったのでしょうか。

＊はしかけさん
琵琶湖博物館の「はしかけ」制度に登録した人。この制度は、各人が自主的に興味のある問題についてグループを作り、学芸員などが支援して調査を行い、成果の発表・展示・運営にも関わるもの。

＊ささら
竹の先を細かく割って束ね、振って音を出す楽器。「さらさら」と音がするところから名付けられた。

＊小津神社
守山市杉江の神社。境内に古墳があり、『延喜式』に載る社に比定されている、本殿と女神像は国指定重要文化財、長刀踊りは国選択無形民俗文化財である。

小津神社の「長刀祭」で用いられる鉾

安井　専念寺に、伊賀坊了誓という方の碑が立っていますが、そのお方が祭を、赤野井の宮さんまでひっぱったと、そう聞いてます。大きな扇《せん》子《す》でもって招かれたんやそうです。

真田　それをかたどったのが、この鉾《ほこ》（写真）です。

麻のさまざまな利用

司会　鉾は、当番でない年でも赤野井で毎年作る決まりで、安井さんが実際になさるんだそうです。この鉾からぶら下げてあるものは、何の意味ですか。

安井　麻《あさ》は、昔から神事ごとに使っていたようですね。今は、日本では作らしては貰えまへんが、戦時中まではずーっと作ってました。

川那部　麻は、注連《しめ》などにも、良く使われて来ましたね。麻裃《かみしも》は、本格的な式服でしたし。

三品　麻をひいた後に胡麻を撒くから「麻・胡麻」というて、刈り取りは七月やなあ。天神川のへりに、藁《わら》や何かを敷いて、麻を持ってきて、どっぷり水をうって、むしろをかぶ

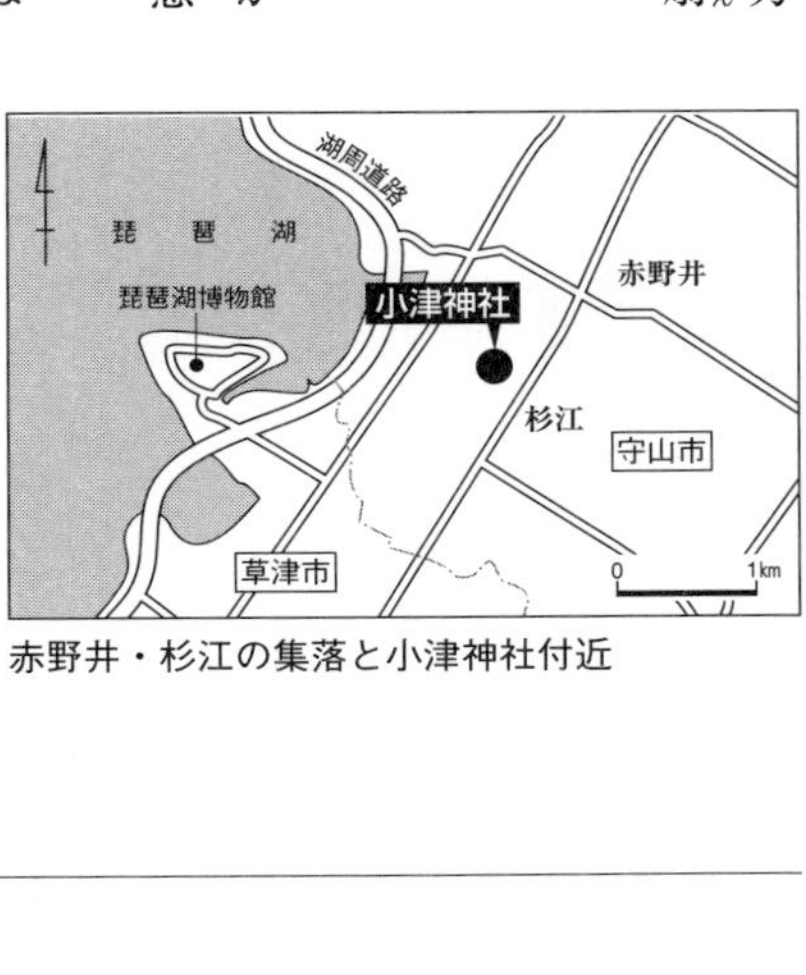

赤野井・杉江の集落と小津神社付近

せて。ほんで、朝晩めくっては水かけて。こうして良う「ねよった」というところで、女子《おなご》はんが剥《む》かはるでんですわ。

真田　竹のへらで、こうやってしごいて。

三品　「蚊くすべ」いうて、まるめて蚊取線香の代わりみたいに、使いはったんです。

真田　牛が厩《うまや》にいたんで、蚊がすごいんですわ。夕方になると、「麻糞《くそ》」いうて乾燥させたやつを団子にしてね、火をつけるんです。くすくすくすぶるんで、家中の蚊を追い出す。

安井　普通の縄やと、こう向けに綯《な》いますわな。ところが、田舟の櫓《ろ》を漕ぐのに使う早緒《はやお》という麻縄は、左縄言うて逆に綯う。良うしまるんです。今はナイロンやらのいい縄があるさかい、そう必要もないけど、昔は貴重なもんでした。唐鋤《からすき》＊やらを牛に引っ張らしますねえ。その紐やらも皆これででした。

真田　麻を剥《は》いで。ビービーいわして糸巻きして。

安井　帷子《かたびら》＊なんかも、麻の手織りでな。

真田　カタンカタンと、機《はた》織る器械が各家にあったんですわ。うちの母親もやってました。そんでにもう、麻やら大事にしました。

川那部　私は京都生まれの京都育ちですが、戦争中に田舎へ疎開して縄

＊唐鋤
柄が曲がっていて刃の広い鋤。牛馬に引かせて田畑を耕すのに用いる。

＊帷子
本来は、夏に着る麻・木綿・絹などで作ったひとえもののこと。また一般に、ひとえの着物をも言う。

ないをして、草鞋《わらじ》作りもしました。私の作ったんは、すぐに緩んでグシャグシャになって、叱られましたけど。冬間の仕事でしたね。

安井　冬は、農家はほとんどがもう藁仕事でした、俵編んだり。雨具ゆうたら、「どうがい蓑《みの》」言いまして、藁でつくったのを着てました。

三品　今やったら、撮影所が欲しがるようなやつ。(笑)

真田　藁もねえ、百姓は大事にしたから。今はなんでも燃やしてしまうけど、昔は、燃やすというようなことはせんと、みな堆肥にしてたねえ。

いつも琵琶湖の掃除をしていた

安井　夏にはね、琵琶湖で「藻とり」しますわね。それを藁といっしょに積んで、堆肥にするんです。冬になると「ごみかき」もしました。赤野井でも浜の方は、湖を埋め立てたような田んぼでね。それを少しでも高くするために、上流から流れてきた泥を冬のあいだ田んぼの端に上げて、乾いたら

わら（藁）で作った「どうがい蓑」
（用田政晴撮影）

またそれを畚《もっこ》*で担って、田んぼに撒くんです。肥料にもなるし、田んぼが少しでも高うなって、浸水する恐れが少なくなるようにするためにね。その泥を「ごみ」と呼んでました。

真田　昔は大きな堀が、むら中にみなありましたからねえ。五月になると、田んぼに水を入れるために堰をしますわね。そこへ水が流れてきて、ごみがたまってくれますわなあ、ひと夏は。秋に水がいらんようになって、堰を外すと泥だけ残る。それを上げるわけです。足らん分は、琵琶湖のそこらへんのごみを取りにまわったりねえ。それが即、肥料になるわけですわ。

安井　冬はほとんど、琵琶湖につかってました。ヨシの葉っぱやらが、風でからまりますやろ。そういうのをたも網で揚げて。ムギ撒いたら、その横にやったりするんです。常時天候見てて、「今日は北風吹いたるし、あそこのヨシ場へ行こう。〈浜糞《はまくそ》〉寄ってるやろなあ」、という具合です。

三品　藻でもそうでんな。カモやらが切って、浮きますやろ。風で寄るとこがありますねえ。「拾い藻」言うて、すくうと早いですわな。思うと、いつも琵琶湖の掃除してたんですなあ。

安井　木の枝やら何やらが流れてきたら、それも舟の舳先《へさき》に載せて持って帰って、焚きもんにしました。放かしたままにしたちゅうものは、ち

*畚　土砂や農産物などを運ぶ道具。縄で編んだ正方形の網の四隅につり綱をつけ、棒でつった。

ょっともなかったです、全部持ち帰って。

川も湖も死んで来ている

川那部　お祭には魚を供えられますか。

三品　コイをあげます。モロコのなれずしも作ります。その前に塩切りというて、桶に漬けておきますのやけど。前の川でも、今日みたいな温い日やったら、川の底が見えんぐらい、真っ黒にモロコが上がってきました。学校から帰ったらすぐ裸足になって、手づかみするんです。足の裏へもこそこそ入ってくるくらい、ぎょうさんいました。

それが今、琵琶湖におらんさかい、困ってますのや。赤野井は、和船が唯一の運搬手段でしたさかいに、堀が縦横にあった。三艘も行き交うような、入れば人の背が沈む、大きい深い堀があったんですよ。薄氷張っても、その下には魚がおった。今は何にもなし。ふなずしのフナが減るのも当然ですわ。

安井　木浜《このはま》から赤野井にかけて、水路が恐ろしいほどありましたでな。

三品　赤野井あたりも、土地改良して、新しい土地が出来てます。大きな堀を埋めましたからね。そういう得をしたけど、そのしっぺ返しが洪水を招いたり、魚おらなんだりですわ。

安井　田んぼでも昔は、上からの水をせいて入れて、田んぼから次の田んぼに入れて、それが川に流れて。直接琵琶湖に流すということは、ぜんぜんなかったんです。けど今は、バルブ開けて自分の田に入れて、直接琵琶湖に流すようにされている。肥料だけ考えても、昔のほうが合理的ですわな。

三品　昔は、田植えになると「水入れさん」ゆうのを、各むらで決めてね。赤野井でも四～五人はおられました。その人々が田のむらの方と相談して、三上山《みかみやま》*のあのへんから順番に、下へ下へ開けて、水を引いたものでした。

安井　川見ても、恐ろしいですわなあ。暑かったらすぐ裸で入ろうちゅう気持ちに、昔はなったけど、今は長靴履いたかて、入るの気持ち悪い。

真田　川が完全に死んでしまったんですね。どこの川見ても、水が流れずに淀んでますわ。昔は自然に湧いて出てて、一般家庭も湧き井戸が多かった。年がら年中タッタッタッタと流れて、川に入りよる。今は全然なしで、雨水だけ。流れるはずないですわ。

赤野井のこれから、日本のこれから

司会　今日は、昔の暮らしと最近の変化を聞かせて頂きました。次の世

*三上山
野洲市にある、標高四三二メートルの山。頂上部に巨大な磐座があり、御上《みかみ》神社祭神の降臨地として、古くから神体山とされた。近江富士とも呼ばれ、俵藤太《たわらとうだ》（藤原）秀郷のムカデ退治の伝説でも有名。

代にそれを引き継いで行くことについて、何か御意見がありますか。

三品　我々は、中学校へあがるかあがらん頃から親に仕込まれて、自然に百姓の仕事、畑にしても田舟にしても、覚えてきましたけど、今はそんな子はほとんどない。それをどうするかがいちばん大事やと思います。

川那部　日本中どこでもが抱えている、たいへん難しい問題ですね。しかし、一昨年拝見したお祭は、大人から子どもまでのすばらしい一体感で、感激しました。他所には、なかなかないことですものね。そういう伝承を拡げていくことができれば、次世代へ赤野井のくらしや琵琶湖とのつきあいかたを伝えることも、可能なのではないでしょうか。『うみんど』には残念ながら載らないのですが、あのお祭の音頭を、失礼ながら

琵琶湖博物館第10回企画展「中世のむら探検」の展示のひとこま。魚を売る店先の様子（2002年7月20日撮影）

ここで聞かせて頂けませんでしょうか。

三品　それでは、やってみましょう。（お三人で祭の歌合唱）

司会　今日お伺いしたような、今のくらしがどのようにして出来上がってきたのかを、「中世のむら探検―近江の暮らしのルーツを求めて―」として、七月から博物館で特別展示致します。そのときにでもまた、今日のお話の続きがお伺いできればと思っています。どうもありがとうございました。

近江中世のむらを探る

（二〇〇二年六月二六日、琵琶湖博物館館長室にて）

歴史学研究者、滋賀県立大学人間文化学部　教授
兼　図書情報センター長
脇田《わきた》　晴子《はるこ》

〔司会・進行：橋本　道範〕

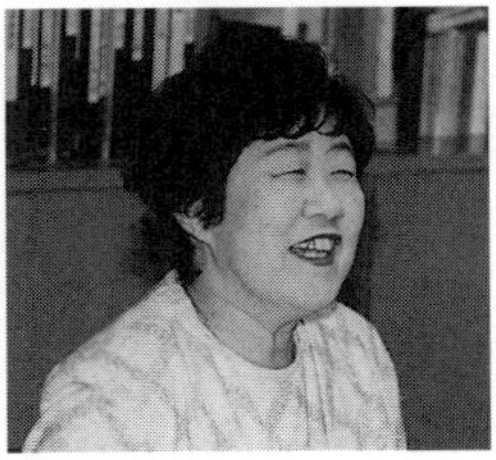

一九三四年、兵庫県生まれ。京都大学大学院文学研究科修了。二〇〇四年に滋賀県立大学人間文化学部教授を定年退職し、現在は城西国際大学大学院人文科学研究科客員教授・滋賀県立大学名誉教授。日本中世史の権威で、ジェンダー論にも詳しい。文化功労者。『日本中世商業発達史の研究』（お茶の水書房）・『日本中世女性史の研究』（中央公論新社）・『日本中世被差別民の研究』（岩波書店）などの著書がある。

中世研究のはじまりは近江

川那部　脇田さんは、お能の達人だそうですね。

脇田　玄人ではありませんが、六歳から始めて、小学校の二年で子方《こかた》をしました。この秋には彦根の能楽堂で「井筒《いづつ》*」、来年には観世《かんぜ》会館で「求塚《もとめづか》*」、再来年は「卒塔婆小町《そとばこまち》*」。それで打ち止めと思ってるんです。

川那部　中世へ興味を持たれたのには、そのことも関係しますか。

脇田　ええ。中世を国文学でやろうか、歴史でやろうかと思いましたから。

川那部　ヨーロッパでも日本でも、中世は暗黒・停滞の時代だと思われていたのが、じつは中々の時代だったし、現代につながっている、と評価されて来ていますね。

司会　卒業論文のために農村調査に行かれて、商業史のほうに移られたと聞いていますが。

脇田　うちは町家《まちや》でして…。京都など都市の資本は、平安・鎌倉の時代からあったんです。それに対して、農村から商人が出てきたのは、南北朝の時代からで、この新興商人のことの良く判るのが近江なんです。そこで、それまで全く縁はなかったのですが、近江をやることにしたんです。

当時はマルキシズム*全盛の時代で、農業は生産そのものだけれど、商

*井筒
世阿弥《ぜあみ》作の能。伊勢物語二三段などに依拠。紀有常《きのありつね》の娘の霊が、在原業平《ありわらのなりひら》との恋の思い出を語り、形見の直衣《のうし》を着た自分の姿を井筒の水に映して舞う。

*求塚
観阿弥作の能。万葉集巻九の長歌と大和物語一四七段に依拠。二人の男に同時に求婚され、葛藤の果てに入水自殺した菟名日処女《うないおとめ》の霊が、続けて自殺した男二人の霊と鉄鳥によってさいなまれる。通例と異なり、成仏・解脱しない。

*卒塔婆小町
観阿弥作・世阿弥改作の能。玉造小町子壮衰書などに依拠。朽ちた卒塔婆に腰掛けていた老女を咎めた僧が、仏も衆生も隔てなしと説かれる前段、その老女が小野小町《おののこまち》と名乗り、突如深草少将の霊が取りついて小町が狂う後段からなる。五編の老女物のうち最も劇的展開に富む。

*マルキシズム（Marxism）
マルクス主義。マルクスとエンゲルスの学説に基づいた諸思想・理論・実践活動のこ

『石山寺縁起絵巻』巻二（重文、石山寺所蔵）に画かれた、中世の大津浦の様子

業は流通だけだからつまらんという考えがはびこってました。「商品経済が入ってその農村がどう変わるか、ということしかやったらあかん」とまで言われたものです。（笑）

司会　「農村をやらないと歴史学ではない」みたいな、そういう時代がやはりあったのですね。

脇田　それを押しきって商業をやったんですが、古い時代からの町の商売の調査も必要だと感じて、大和そして京都に研究対象を拡げました。

自治組織が強かった近江の村

脇田　中世の自治は、近江のむらがいちばん強いんです。大和にもあるけど、領主権力がうんと強い。

川那部　どんな領主ですか。

と。労働によって得られる剰余価値を中心に資本主義経済を分析し、また、社会の物質的生産力とそれに照応する生産関係が土台で、法律的・政治的なものはその上部構造であると説いた。この考えに基づき、階級闘争による資本主義社会から社会主義社会への変革を指向した。

脇田　大和には、例えば興福寺があります。法隆寺なんかも強いですよ、支配の仕方が。だからむらの自治はあるけど、弱いんです。

川那部　近江にも、例えば延暦寺や三井寺があったわけでしょう。それにもかかわらず、大和より近江の方が自治の強い理由は、何なのでしょうか。

脇田　大和の場合は、興福寺が完全に握っていて、むらの土豪《どごう》を全部組織しています。一枚岩になってるんです。ところが近江には、比叡山のほかに例えば佐々木氏*がいて、その佐々木も二つにわかれています。比叡山の文書《もんじょ》が信長に焼かれずにたくさん残っていれば、もうちょっとは比叡山が強く見えるかもしれませんが…。

川那部　なるほど。

脇田　近江に自治が強い証拠の一つに、むらがそれぞれ固有の文書を持っていることがあります。それも村箪笥《だんす》とか、「開けずの箱」の中とかに。

川那部　そのようですね。それが散逸《さんいつ》しないように、橋本さんがネットワークを組んで、努力しています。しかし、むらごとに全く逆のことが書いてあったりはしませんか。特に権利をめぐっての争いなどには。

脇田　喧嘩はもうしょっちゅうです。むしろ争論の文書ばっかり。商人に関してもそうで、日常茶飯事の記録は残りません。

*佐々木氏
中世における近江の豪族。鎌倉時代に秀義・定綱が源頼朝に仕えて守護となり、蒲生郡(現東近江市・近江八幡市・安土町あたり)に本拠を置いた。その孫の代で、大原・高島・六角・京極に分れる。

川那部　そうでしょうね。夫婦仲が良いだけの話は、小説にもならないし。(笑)

脇田　仲良くやっていたときのむらの歴史は書けないんです。ただ不思議なのは、中世は水路でものをすごく運搬していたのに、近江にはそれに関する文書がないことです。道路の修理のほうはあるのに。

川那部　道路は作らなければならないけれど、水は勝手に流れてくるから、とは言えませんか。(笑)

琵琶湖北端に近い伊香郡西浅井町菅浦の集落。このむらの文書の一部は古くから調査されて、中世の惣村の様子などがわかっている（用田政晴撮影）

脇田　水路をきっちりするのは大事だし、水利権もあるから。京都の桂用水については、連帯して維持している記録も残っているんです。

中世から近世へ

司会　その後、女性史などに研究を拡げられましたが、そのきっかけは何だったのでしょうか。

脇田　都市には、女性の商人が多いんですよ。それに商業世界では、被差別民が活躍するんです。それで、女性史・部落史に関心を持ちました。

川那部　都市の商業に、農民出身でない人も多いのは、土地を所有しない人が流れ入ったということでしょうか。

脇田　底辺はそうですね。しかし、村落共同体と近江商人は不可分の組織なんですよ、商業座と宮座がね。そして、むらから弾かれた人たちや金持ちの子でも浮いた人が町に出てきて、平等な特権団体を組む。警察権や裁判権も行使する自治ですね。

川那部　京都でも自治組織を持っているのは、表通りの人々だけで、路地の人々は違ったのでしょう?

脇田　そうです。そして表通りについては平等で、入座《にゅうざ》の年齢順で行きます。裏の人は権利が全然違う。その代わり借料やらはうんと安い。だから、すべての構成員によるのではないけれども、自力救済の自治なんです、中世は。道普請《みちぶしん》を一所懸命やって、その権利を商人が持つんです。関所もいっぱい出来て、通行料を取ります。つまり、家があって、むらと言う共同体があって、その連合があって、下から作り上げられているような時代です。もちろんそれを外れたら食い詰めてしまう、そういう厳しさはあります。

川那部　近世になると…。

脇田　統一権力が全部を握ります。関所は撤廃されて、むらの収入ではなくなる。「太閤《たいこう》検地」によって、名主と小作人が同じ年貢になる。特許を持っていた座を排除して、自由な「楽市楽座」にするのですが、その自由を享受するのは大きい問屋すなわち御用商人になる。

川那部　「楽市楽座」は近江、安土が最初でしたか。

脇田　楽市の初見は六角氏*の石寺、今の安土町です。信長の最初は加納、今の岐阜市です。そして、少し遅れるけれどよく判るのが金森《かねがもり》、守山市の金森です。あれは村落領主がお寺になっている。確か川那部さんのところの本家でしたね。

川那部　ええ。四〇〇年ほど前の本家。（笑）

脇田　滋賀県で話をさせられると良く言うんです。信長・秀吉を顕彰して、安土城をやるのも良いけれど、あれは二人とも近江の征服者。まるでマッカーサーのお城を復元するようなものだ、と。（笑）

男女関係から見た中世の暮らし

司会　庶民の暮らしはどうだったのでしょうか。

脇田　女性史の立場から言いますとね。平安時代は「妻問《つまど》い婚」で、男が女の家へ行き、正式な妻が何人いても構わないという体制です。それ

＊六角氏
佐々木氏（この章の脚注二六六ページ参照）が四家に分れたものの一。観音寺城（現安土町）などに拠って、近江の守護職を務めた。戦国時代には、足利義晴を迎えたりしたが、浅井氏に破れ、織田信長に攻められて落城した。

が平安後期ないし鎌倉初期になるとはじめて、男と女がずっと同居するようになって、そのあいだの子どもと一緒に暮らします。つまり正妻は一人になって、妻の座が確立するんです。どちらも親とは一緒に暮らしませんから、嫁姑関係はない。これが中世の家族のかたちです。それが近世になりますと、いわゆる「嫁入り婚」になるんです。

川那部　ははあ。妻の権利は中世がいちばん強い。

脇田　夫婦と子どもからなる家が仕事の単位ですから、奥さんの力が絶対に強くなります。家内労働がそのまま社会労働になるわけです。

　例えば近江商人の世界では、だんなが商売に出ていって、家を取りしきっているのはおかみさん、これがほんとうの意味の奥さんであり、御《ご》寮《りょう》さんです。むらには夫のための「本座」があると同時に「女房座」があります。お供え物も、本座は酒一斗に対して、女房座は三升だったかです。分家などが入る「新座《しんざ》」は、その下です。近江の祭礼には、わりに夫婦で一緒にするものが、今も多いんです。近ごろ、竹生《ちくぶ》島の蓮華会《れんげえ》*のことを調べていますが、尋ねると「男が中心」と言われるんですけど、あれは、夫婦一緒に舟に乗り、親戚もみな一緒に乗って、だーっと行くんです。

＊蓮華会
一〇世紀後半に僧良源が始めたとされる、琵琶湖中の竹生島での雨乞いのための法会。旧浅井郡（現虎姫町・湖北町・西浅井町と、長浜市のうち浅井町・びわ町）の氏子から頭《とう》人《にん》が選ばれ、新造の弁才天像が島へ船渡御《とぎょ》する。現在は簡略化して、八月一五日に行われる。

（長浜観光協会提供）

歴史を振り返ること

脇田　だいぶん前ですが、女性史の講義の感想に、「今の世に生まれて幸せだ」と言うものばかり出てきて困ったことがあります。女性は中世には、まさに社会労働に携わっていました。サラリーマン社会では、収入を持って帰れば立場は強くなるけれど、それが重要なのではありません。

川那部　今も信じる人の多い「直線的な進歩」の幻想を、打ち砕くことも歴史の役割ですね。

脇田　また、「歴史的」とか「伝統的」とかと言われているものには、意外に新しいものが多いんです。相撲や芸能における女人禁制《にょにんきんせい》なんて、近世の中ごろに発生したものです。神社やお寺の由来書には、聖武《しょうむ》天皇や行基《ぎょうき》に始まっているものがたくさんありますが、ほとんどが中世の作りごとです。安居院《あぐい》*や三条西実隆《さねたか》*などが作っていますが、實隆の日記を見れば、頼まれてどのようにでっち上げたか、はっきりと書いています。お能だって、平安時代を素材としたものが、室町時代的に作りかえられているのです。「旧《ふる》きを尋ね」てその変遷を知れば、現在の位置づけが判り、未来への展望をもつことができると考えております。

＊安居院
安居院法印澄憲《のほういんちょうけん》（一一二六〜一二〇三）。経典や教義を説いて導く唱道家。藤原信西の子で、叡山で天台の僧となり、のち京都市大宮寺ノ内に移って唱道の祖と呼ばれ、代々安居院流を弘めた。

＊三条西実隆
室町時代の公家・歌人・和学者（一四五五〜一五三七）。宗祇から古今伝授を受け、多くの歌合集や『新撰菟玖波《つくば》集』の編集にも参加。源氏物語の注釈など多くの書物のほか、膨大な日記『実隆公記』がある。

現代に生きる狂言

（二〇〇二年一一月一〇日、琵琶湖博物館ホールにて）

狂言役者・演出家
茂山《しげやま》 千之丞《せんのじょう》

歴史学研究者、大津市歴史博物館　副館長
中森《なかもり》 洋《ひろし》

［進行：橋本　道範］

本名は茂山政次。一九二三年、京都府生まれ。三世茂山千作の次男で、三歳で初舞台を踏み、四六年に二世千之丞を襲名。古典狂言・新作狂言の他、歌舞伎・新劇・映画に出演し、オペラの演出も手掛ける。大阪芸術賞・芸術選奨文部大臣賞などを受賞。『狂言役者』（岩波新書）・『千作狂言』（アートダイジェスト）『狂言じゃ、狂言じゃ』（文春文庫）などの著書がある。

一九四九年、三重県生まれ。立命館大学大学院文学研究科修士課程修了。大津市歴史博物館学芸員・副館長を経て、現在は大津市文化財保護課長。立命館大学文学部で博物館学をも担当。『京都市の地名』（平凡社、林屋辰三郎ほか編）・『近江の歴史と文化』（思文閣、木村至宏編）『ビジュアル・ワイド江戸時代館』（小学館、大石学ほか編）などに執筆している。

名乗り

中森　琵琶湖博物館ではいま、企画展『中世のむら探検—近江の暮らしのルーツを求めて』を開催していらっしゃいます。中世の暮らしを現代に伝えると言えば、狂言もその一つですが、今日は私が司会役を勤めることになりました。

川那部　ありがとうございます。中森さんは狂言にもたいへん詳しく、もう五年前になるでしょうか、大津市歴史博物館の企画展『能・狂言のふるさと近江—古面が伝える中世の民衆文化』を主催されました。

中森　本日お迎えしましたのは、狂言大蔵《おおくら》流の茂山千之丞先生でございます。京都に茂山家という狂言のお家がありますが、茂山先生はそこのご出身で、演出家としてもたいへんなご活躍でございます。

ところで狂言には、最初に名乗《なのり》がございますね。先ずはそれによって、自己紹介をして頂きたいと思います。

茂山　（せりふ調で）まかり出《い》でたるものは、茂山千之丞でござる。（笑）

中森　というふうに狂言は始まるわけでございます。

企画展「中世のむら探検」の展示のひとこま。
守山市横江遺跡から発掘された家の復元
（2002年７月20日撮影）

能と狂言

中森　ところでそもそも狂言は中世、一四世紀ぐらいにはじまった、滑稽な台詞《せりふ》劇と思っているのですが、いかがでしょうか。

茂山　それでいいと思います。ただ、能と狂言をいっしょに考えられる方が多いのですが、それは違います。能はミュージカルと思って頂いて良い。歌があり踊りがあって、台詞もある。それに対して狂言は、純粋の台詞劇。今のテレビドラマとか、ふつうの劇などとまったく同じ、芝居なのです。またある人が最近、狂言は中世、室町末期の吉本新喜劇だと言いました。（笑）

　逆に言えば、吉本新喜劇は現在の狂言かもしれません。つまり狂言は、「いま」の社会をスケッチしたものです。狂言にとっては、室町時代が現代ですから。

川那部　狂言の中には、「お祝い」

が主になっているものもありますね。ああいうものは、後になって出てきたのでしょうか。

茂山　最初の頃にもあったでしょうが、ほとんどは破局で終わるかたちだったろうと思います。普通の狂言の「やるまいぞ、やるまいぞ」の形式のものが、江戸時代になって祝言性《しゅうげん》といいますか、「めでたし、めでたし」で終わるものに変化していくものがたくさんあります。つまらなくなったわけですよ、それだけ。

川那部　小学校の終わりのほうで、狂言を一番、国語の授業で習いました。「末広がり」でして、見よう見まねで演じたことがあります。あれも「げにもそうよ、やよ、げにもそうよの」でしたか、二人が傘の下で踊るところで終わっていましたね。

茂山　ええ。いつごろああいうかたちになったか、はっきりはわからないのですが、あれも最初は太郎冠者《かじゃ》が失敗して、主人に叱られて終わったのだと思います。「めでたし」で終わるかたちを採るようになったのは、江戸時代になってからでしょう。

中世という時代

茂山　江戸時代では、特に武士階級の主人と家来の関係、これは絶対的なものでしょう。しかも、自分の主人は、自分の子の主人でもあり、孫の主人でもあるわけです。代が代わっても主人と家来の関係は変わらない、いわゆる封建システムです。狂言の母体になった中世は、奉公関係といいますか、主人の用を勤めるかわりに自分の身を守って貰うという、相対的な関係ですね。だから、その家がつまらなくて飛び出して、次のご主人のところに行くなどは平気です。加藤周一*先生は、戦争さえそうだと言うんです。中世の戦争では、寝返りは当たりまえ、旗色が悪くなったら寝返ってしまう。そして、どちらかの大将が死んだとき、戦争が終わる。（笑）それが、大将が死なななくなった。現代の戦争では絶対に死にませんね。死ぬのは兵隊ばかりです。（笑）雇用関係もそう変わってきたのではないでしょうか、中世から近世にかけて。狂言から見ますと、中世は日本の歴史の中で一番、民主的な時代ですね。

川那部　中世史が御専門の滋賀県立大の脇田晴子さんは、前回、男女関係もそうだとおっしゃってました。平安時代は「男が通う」時代、「嫁入り婚」は江戸時代からで、それに対して中世は「一夫一妻の同居婚」で、男女平等の時代だったと。

茂山　平等以上に女が強いですよ。狂言には「わわしい」という言葉があります。狂言に出てくる女房は、一〇〇パーセントわわしいんです。（笑）

＊加藤周一
作家。一九一九年、東京府（現東京都）生まれ。医業のかたわら、詩人・小説家として出発し、活発な評論家として知られる。『羊の歌』（岩波新書）・『日本文学史序説』（筑摩書房）など、多数の著作がある。

中世の「わわしい」は、「口八丁手八丁」。実行力抜群で、亭主をこき使う女性。（笑）しかも、それを愛してる亭主。そういう夫婦関係ですね。昔の夫婦関係というと、男尊女卑とか亭主関白とかを連想するのですけれども、これは江戸時代の儒教道徳のもとで、ああいう家庭になったんじゃないですか。狂言に出てくる女、嫁さんというのはすごいですよ、頼もしいですね。（笑）

近江と狂言

中森　狂言のルーツは近江だという話も、聞いたのですが。

茂山　能も狂言も、大和が故郷だと思われていますが、狂言はそうではないんです。狂言の故郷は、一つは京都の南にある宇治です。もう一つは、この近江の坂本なんです。私たちは大蔵流ですが、大蔵流の先祖に「日吉《ひえ》」とか「宇治」という名字の家が何軒もあるんです。能のほうは大和猿楽《さるがく》で、確かに大和が故郷ですけれども、狂言はどうも近江と山城が発祥地だと思います。

中森　茂山先生のお家の大蔵流の元祖は、比叡山の玄慧法印《げんえほういん》*という名僧だと言われていたこともございますね。ところで、狂言というのは意外と、その舞台がわからないですね。

＊**玄慧法印**
鎌倉末・室町初期の僧侶（?～一三五〇）。げんねとも呼ぶ。『建武式目』の作成に関与し、『庭訓往来《ていきん》』や『太平記』の一部などの作者にも比定されていた。

茂山　「これは、このあたりに住まい致す者でござる」というように始まるのが普通ですからね。「このあたりとはどのあたりだ」と（笑）、良く聞かれますが、「このあたりとは、いま狂言をやっている場所のあたり」という意味でしょう。

川那部　登場人物に具体的な名前のないのも、能と違っていますね。

茂山　そうです。「業平《なりひら》」とか「弁慶」とか、「熊野《ゆや》」とか「松風《まつかぜ》」とか、能には名がある。それに対して狂言は、例えば「これは遠国に隠れもない大名です」と言うばかりです。奉公人のほうも「太郎冠者」「次郎冠者」で、これは召使いの順番を言うだけ。若い女人の名前は全部「いちゃ」、女房は「おごう」で、これは后《ごう》つまり「きさき」です。つまり、すべて無名なんです。地名も登場人物名も、基本的にないというのは、お客さまの代表が衣装を着て、やっているのが狂言だと言う象徴でしょう。

狂言「磁石」

中森　ところで、今から演じて頂く「磁石《じしゃく》」は、珍しく地名のはっきりしたものですね。

茂山　そうです。大津の松本という場所での話です。

中森　松本というのは、今の石場で、江戸時代には、ちょうどこの草津との間に舟が通っていました。もう少し古くを言いますと、あのあたりは粟津の一部で、京都で魚商売を始めたのは、この辺の女の人が最初です。古くから繁華なところだったと思います。

茂山　この狂言は、冒頭から地名がいくつも出てくるのです。先ず、「このあたりに住まい致す者」の代わりに、「これは遠江《とおとうみ》の国、見付の宿の者でござる」と、はっきり言う。その男が京都へ遊びに来る途中で、三河の八橋《やつはし》とか、尾張の府中を通り抜けて、近江へ入ってくる。そして、坂本の市で市立ち、市場見物をするんですね。

そこへ「大津、松本のあたりを走り回る、心も直《す》ぐにない者でござる」と名乗る男が出る。「心も直ぐにない」とは不正直な、まっとうに生きられないアウトローの男だと言うわけです。それを私がやります。ともかく土地の名、松本・坂本・大津というのがはっきり出てくる、ご当地ものです。

川那部　磁石を使った劇と言えば、歌舞伎十八番の一つ「毛抜《けぬき》」のほうが一般には有名でしょうが、この狂言は、まさに奇想天外な発想ですね。

茂山　太刀を抜いて追いかけられてあわやと言うときに、今まで逃げていた男が、突如振り返ってその太刀に対して大口を開け、「わあ、飲もう」と言う。「実は私は磁石の精だ」と言うわけです。それに、この精が産まれたのは唐土《とうど》で、中国の鉄を全部飲んでしまったから、今度は日本の鉄を飲もうと渡ってきた。昨日間違って青銅の銭を飲んでしまい、のどに詰まって不愉快だから、良さそうな鉄の刀を飲んで、喉の詰まりを外に出したい。そういうわけです。

川那部　最近イギリスなどで評判の、ナンセンス劇の典型ですね。

茂山　そうです。伝統的な狂言は、決して骨董品ではなくて生きているのです。これから「磁石」をご覧になって、随所でみなさんお笑いになると思います。皆さんの今日の笑いと、今から六〇〇年前のお客の笑いとは、まったく同じ笑いであるはずなんです。

　つまり、狂言は決して死んでいない、生きているということだと思います。

川那部　茂山さんの新作の狂言も、素晴らしいものですしね。

中森　ちょうど結論が出たようでございます。鼎談はこれで終りにして、

鼎談後に演じられた狂言「磁石」。左がシテを演じる千之丞さん（2002年11月10日、琵琶湖博物館ホールにて）

狂言「磁石」のほうに入りたいと思います。どうもありがとうございました。

博物館協議会の委員として

（二〇〇二年一二月一一日、琵琶湖博物館館長室にて）

琵琶湖博物館協議会　委員

山本《やまもと》　真知子《まちこ》

藤丸《ふじまる》　厚史《あつし》

［司会・進行：用田　政晴］

ともに、琵琶湖博物館協議会の第四期（二〇〇二〜〇四年）の公募委員を務めた。なお、山本さんは現在、京都外国語大学留学生別科講師。

協議会委員に応募して

司会　琵琶湖博物館には、ありかたや方向を助言して頂く協議会がありま す。先日その委員を公募し、山本さんと藤丸さんが二年間、その任に就かれることになりました。

川那部　ありがとうございます。応募のとき「この点は良くない」「このように変えたい」など、この博物館へのお考えもいろいろあったかと思います。そのあたりの、言わば動機からお願いしたいのですが。

山本　現在、能登川《のとがわ》町立博物館*で嘱託《しょくたく》の学芸員をしています。この博物館職員の立場と琵琶湖博物館利用者の立場との両面から、意見を聞いたり言ったりする良い機会だと感じています。この博物館で聞いた話をうちの館に持ち帰って活かすことができたら、すばらしいですし。

藤丸　自分の職業以外に、社会や教育に関係する活動に携わりたいとの思いからです。彫刻や絵をやっているんですが、人に教えたり学ばせたり、逆に自分が学んだりすることを何かと。それに、滋賀県が好きなんです。琵琶湖があって、野があり、山が見えて、空が広い。人も良い。（笑）少しでも貢献できたら、というのが応募のきっかけです。

＊能登川町立博物館
現東近江市立能登川博物館

ボストン子ども博物館での体験

川那部　確か藤丸さんは、子ども博物館とご関係があったんでしたね。

藤丸　大学生としてボストンにいたとき、地域のボランティアとして、子ども博物館や科学博物館でミュージアム教育に携わっていました。そこで学んだのは、博物館には感動や驚きがあることです。わざわざ説明をしなくても子どもたちは、みずからの力で感じとっていました。

それに私自身も、子どもの驚きを自分でも感じるようになり、さらには、自然や物とふれあう驚きを子どもたちへ知らせたりするのが大切だ、と思うようになりました。とくに、自分が子どもを持つようになってはっきりわかりましたね。そこで日本の博物館でも、そういうことがもっともっとできると良いと、ずっと感じてきたわけです。

川那部　あの博物館は、おもしろいですね。以前に対談*でも話したことですが、解説などは何もなく、子どもたちが思い思いに遊んでいるわけです。しばらくすると、例えば転がり降りてきた球をいちばん遠くまで行かせるには、どの角度で導くと良いかなどについて、お互いに議論を始めます。現象を見ているうちに、原理がおぼろげに判ってきたようでした。

*対談　「子どもと博物館」の章参照。

それに解説がないから、私自身もいろいろためしてみなければならないでしょう。そうすると、子どもが寄ってきて、きっと何度も何度も来ているんでしょうね、「こうして遊ぶんだ」と、実践してくれるのです。見つけ難い「ひも」を引張ったり。あれには感心しました。

藤丸　子どもたちが身体で感じてるんでしょうね。「覚えている」というべきかもしれませんけど。

川那部　そうなんです。それは子どもに限ったことではなくて、琵琶湖博物館のあちこちでも、来館者どうしが話し合い、教え合うようになってもらいたいと考えています。少しぐらい間違った説明でも、それは構わないんです。

アフリカの自然・民俗調査から

川那部　山本さんは、アフリカのどこかへ行ってらしたんですね。

山本　カメルーンに、人類学の野外調査で行っていました。

川那部　私は東隣のザイール（現在のコンゴ民主共和国）の東端にあるタンガニイカ湖が主で、カメルーンへは残念ながら行ったことがないんです。友人の話では、すばらしい自然だそうですね。

山本　熱帯林のまっただ中にいたので、自然史博物館に住みこんでいるようでした。それに子どもから大人まで、自分たちなりの民俗知識を見事に持っておられるようで、それ自身が民俗博物館でもあります。まさに、「生きたデータが動いている」という感じです。（笑）

川那部　その自然と民俗とは、相互に関係しながら、いわば進化してきたものでしょう。琵琶湖博物館は、そういった関係の総体の歴史を知って貰うことを目的にしており、「ほんとうの博物館は野外の暮らしそのもの、建物の中はそれへのほんの入り口」と考えているのですが。

山本　そうですね。水族館という生きた資料室もありますし。

藤丸　館内のいろんなところから実際の琵琶湖が見えることも、そのつながりの表れですね。

企画展のありかた

川那部　能登川町の博物館は、常設展示がなくて企画展示だけという、独特のやりかたですね。

山本　地元住民のみなさんに何度も足を運んでもらえるように、という方針から、博物館主催の企画展示が年七〜八回あります。準備も大変ですが、一か月そこそこで終わらせてしまうのはもったいないなあ、と思うときもあります。しかし常設展示も、ずっとそのままにしておくのは

学芸員の怠慢ともいえるでしょうから、「手を加え品を変え」が必要でしょうね。(笑)

川那部　琵琶湖博物館の企画展は、準備にだいたい三年ぐらいかけるのです。それで、最初は年二回でしたが、今は年一回にして四か月ぐらい続けています。そのほかにもう少し小規模の、仮にギャラリー展示と呼んでいるものが数回あります。

企画展示には必ず「展示解説書」を作るわけですが、終わってからの記録はなかなか作らないのです。しかし、展示したものだけではなくて、見えなかったものや問題点などを含めて、きちっとした記録を残していく。そして次に活かすことが大切なので、そのうち是非やろうと思っています。それに、終わった展示品そのものをさまざまに使う、例えば小型の巡回展示などのためにも、少なくとも重要なところは残しておくことも。博物館の向かいの広場に建物を作って、その中へ順次貯《た》める。ガラス張りにすれば、一部を外から見ることも出来ますしね。

山本　そういうような、知識の引き出しのようなものに、博物館自身がなると素晴らしいですね。

川那部　企画展の内容ややりかたなども、一般のかたがたももちろんですが、協議会委員になって下さったお二人には、いろいろ率直な意見や提案をお願いしたいものです。

「誰でもどこでも博物館」を目指して して欲しいこと、やって行きたいこと

藤丸　琵琶湖博物館は、「学術と出会う、知的な世界への入り口だ」と思います。琵琶湖の文化や歴史、それに自然や生きものがふりまく神秘性などを、大人も子どももいっしょになって、楽しく学べるところとしてね。宣伝もさらに必要だと思います。地元の先生方にも、子どもたちを授業の一環として連れてくるだけではなくて、家族と一緒に見に行くように紹介してほしいですし。

それに、内部が混んでいるかとか、駐車場に空きがあるとか、情報がいつも取れると良いですね。また、食事の場所も問題ですね。

川那部　むかし別府の高崎山でサルの数を、「只今零匹」などと知らせていたようにですね。（笑）なるほど。

藤丸　そして何度も来ているうちに、もっと深く学んでみようと、自然に思える仕組みを創ることが博物館側にも必要でしょう。

山本　大阪市立自然史博物館では、駅ビルの中で夜に社会人向けの講義がされているそうです。近ければも通いたいぐらいで、そういう企画が

あればすごく良いなと思います。小・中学校週休二日制になって、博物館の機能が見直されていますが、それと同時にこういう大人向けのものが、琵琶湖博物館にもぜひ欲しい。

資料の貸し出しもお願いしたいのですが、それと同時に人の出前出張というか、移動講座などをもっとして頂いて、普段なかなか直接足を運べない人が、妙味を持てば気軽に参加できるような場を作ってほしいと思います。

川那部　今のようなことを、お二人をはじめ多くの方に考え、そして参加というより、ご自身でも進めて頂きたいものです。近い将来には山本さんにも藤丸さんにも、琵琶湖博物館でそして各地域で、活動して頂きたいと念願しています。

山本　是非。そうなれば願ったり叶ったりですから。

それから、日本語以外での博物館案内が欲しいですね。英語はあるんでしょうが、例えば滋賀県と関係の多いブラジルの、ポルトガル語など。

川那部　三つ折のリーフレットは、朝鮮語・中国語・英語・ポルトガル語とあるんですが、少し詳しいのはまだです。そのうち英語のは作ります*ので、取り敢えず許して下さい。

琵琶湖博物館が公開されて六年経ちます。一〇年目を目指して計画を

***英語のは作ります**

二〇〇三年三月にやっと作成できた。『A Guide to the Lake Biwa Museum — Lakes and People: Towards a Better, Symbiotic Relationships』

立て、そのあと設計にかかります。目指すのは「誰でもどこでも博物館」です。その詳しいことは、折々にお知らせ致しますが、是非ご意見をお寄せ下さい。特に現状に対する批判的で積極的なご意見をね。宜しくお願い致します。今日は、ありがとうございました。

外来生物—つれてこられた生き物たち—

（二〇〇三年六月一四日、琵琶湖博物館館長室にて）

自然保全学研究者、
東京大学大学院農学・生命科学研究科　教授
鷲谷《わしたに》　いづみ

［司会・進行：中井　克樹］

一九五〇年、東京都に生まれる。東京大学大学院理学研究科修了。筑波大学生物科学系を経て、二〇〇〇年から現職。植物生態学・保全生物学専攻。日本生態学会前会長・環境省中央環境審議会委員などを務める。『生態系を蘇らせる』（日本放送出版協会）・『保全生態学入門』（文一総合出版、矢原徹一と共著）・『サクラソウの目』（地人書館）などの著書がある。

サクラソウとの出会い

司会　鷲谷さんは、子どもの頃から生きものがお好きだったんですか。

鷲谷　好きでした。だけど、大学で勉強しようという気になったとき、生物の単位は細胞だから、それを理解しなければと思って。細胞学の研究室に入りました。五年間培養細胞を材料として、細胞内器官に含まれる酵素を調べたりしていたのです。でもそのうちに、これは私が止めても誰かがやる研究かな、と思うようになりました。それで、野外の現象を考えるのに面白い実験室での仕事はないか、と種子の生態の研究を始めました。そしてはじめての野外調査でサクラソウに出会ったんです。

　そして、まずは研究しているものを残したいという気持ちから、保全のほうに入りこんでいきました。

川那部　一時期、特別天然記念物になっている地域のサクラソウを保護するのに、完全に放っておくのが良いかどうかという議論がありましたね。

鷲谷　荒川*の河川敷《かせんじき》です。あのあたりは、江戸時代から昭和のはじめまで、いちばん良い状態だったと思うんです。大水が出て植物をなぎ倒すことのほかに、植物のカヤを大量に刈り取ることがあって、この両方の攪乱《かくらん》が適度だったのです。こうした人と川による攪乱の意味を、野外調

＊荒川
「湖はだれのもの？」の章の脚注を参照。なお、さいたま市桜区の田島ケ原のサクラソウは、一九五二年、特別天然記念物に指定された。

査を始めてすぐ感じることができました。

川那部　本来なら自然がうまく攪乱してくれていたのに、人間がそれを止めてしまって。それでも以前は、それに人間が手を加えて、攪乱していたのですね。それすらなくなってしまった。

鷲谷　江戸時代には多くの園芸品種がつくられました。またサクラのお花見だけではなくて、サクラソウのお花見も行われていたのです。

川那部　そうでした。思い出しました。江戸文学にも出てきますね。

鷲谷　そのうちにセイヨウオオマルハナバチの野生化問題が起こりました。外来種のセイヨウオオマルハナバチを花粉媒介《ばいかい》に使うことについては、花とマルハナバチの共生系を崩してしまう可能性があるという意見がありまして、私も心配していたんです。それが、北海道のサクラソウ自生地の近くで、一九九六年頃に野生化してしまったんです。うちの大学院生が巣を見つけたもので、今でもずっとモニタリングしています。

私はサクラソウを保護するために、私設のサンクチュアリ*を作っているんですけれど、そこでつい一週間ほど前に、セイヨウオオマルハナバチがモズのはやにえ*になっているのを見つけてしまったのです。これまではやにえのマルハナバチを見たことがなかったのですが、その最初が外来種だったので、もう頭に血がのぼってしまって。

*サンクチュアリ
「湖は誰のもの」の章の脚注（七七ページ）参照。

*モズのはやにえ
スズメ目モズ科の鳥には、春から秋の食物の豊富な時期に捕らえた小動物を、とがった木の枝などに突き刺す習性がある。この突き刺された小動物をはやにえと言い、冬に利用することもあるが、そのまま残っていることもある。

川那部　それは、それは。

日本列島における外来植物問題

川那部　ところで外来植物の場合は、立派な自然が残っている場所には入り難いといわれますが、鷲谷さんもそう思われますか。

鷲谷　そう思います。また以前は、仮に外来種が定着しても、自然の一部になっている面がありました。

しかし今は、外来種の入りかたが変わってきました。人間がそれを野外に、大量に放出しています。例えば、アレチウリやオオブタクサ。この二種は、北アメリカからのダイズとか、飼料・穀物などの輸入に由来しているのですが、本来は大きな種子なので分散力が小さいのです。しかし今では日本に大きな群落ができてしまっていて、そこから土を工事で動かすのでどんどん広がっていきます。また穀物の輸入には、多少は不純物が入っていても良いことになっています。市場性を重視する貿易では、不純物がいくらかあってもそのほうが経済的なんですね。しかしこの不純物はというと、それが穀物畑の雑草の種子なのです。

オオブタクサもアレチウリも、アメリカ合州国の川の下流部が、もともとの生息場所なのですが、そこからまず大掛かりな農業をやっているアメリカの農地に進出し、それが穀物に混じって日本に来るのですね。そういう雑草の種子が、捨てられて拡がります。それから都市で出たごみは、地方に持っていって捨てられたりしますが、そのとき、隠すために都会の土を一緒に持ってきて捨てるのです。

茨城県でのことですが、わりあい田園環境が残っていて、外来種なども少ない、気持ちの良いところだったのに、ある時突然、オオブタクサの群落ができる。そこは何かというと、谷津《やつ》*を埋めてごみを捨てたところなんです。

川那部　なるほど。大量に持ち込まれると、全く違ったことが起きるのですね。それにしても農業地帯の外来生物が、都市のごみ問題に直結するとはね。

*谷津
谷戸《やと》・谷地《やち》などとも呼ばれる。谷間の湿地のことで、いずれもアイヌ語起源とされる。古代とくに中世以来、水田として開発されることが多かった。

牧草や外来草本による花粉症など

鷲谷　牧草の問題もあるんです。花粉症の原因植物として、いま日本の人たちは、スギやヒノキの花粉をすごく気にしていらっしゃるのですが、花粉症の発生時期についての資料を見ますと、夏とか秋までずっと続いています。そうすると、外来牧草やオオブタクサの仲間はかなり花粉症の原因として、人の健康にも問題が出ていると思うのです。実際に東京では、多摩川の土手の近くの小学校や中学校で、外来牧草による集団花粉症も起こっています。行って見てみると驚きますが、延々何十キロと土手が、ネズミムギとかネズミホソムギとか、そういった外来の牧草ばかりなのです。「草は刈らないで欲しい、子どもたちの遊び場だから」とおっしゃる学校の先生がいらっしゃったのですが、外遊びが好きで草原で遊ぶ子が、病気になってしまうのです。

それに、ハルジオンという植物などは、明治期に入った「おとなしい」植物だったのですが、一時期さかんに使われた除草剤のパラコートに対する耐性を獲得してしまったのです。それで、農業上とても問題のある害草になってしまいました。

自然復元の生態学

川那部　先の多摩川の土手などには、在来植物も少しは残っているのですか。もしそうだとすると、そういう牧草はどうすれば良いと、鷲谷さんは思われますか。

鷲谷　全部取り尽くしてしまうべきだと思います。現実には、取っても取っても出てきて、ということになるかもしれませんが。

どういう自然が日本の、それも例えば田園の自然だったかを、覚えておられる方や意識していらっしゃる方が、今では少なくなってしまっていて、そのこと自体が問題だと思うのです。自然とかかわる文化が継承できなくなりそうなのです。いまいちばん身近なところにある植物は、北アメリカの植物なのです。文化の断絶が起こる可能性が大きいわけです。

生きものだったらなんでも良いということではなくて、自然の長い歴史、その風土の中で生活してきた人たちと生きものの関係、「人と自然との合作」ともいえる自然と、それに根ざす文化、それを後の世に伝えていく必要があると思います。その伝え方として、少なくともその一部を取り戻すことが必要です。そういう点から自然復元のための生態学というのが、必要になっているのではないでしょうか。

川那部　まさにその通りですね。「生物の性質は関係性の歴史の産物に他ならない」と、一〇年ほど言い続けて来た私ですが、『生態系を蘇らせる』の評にも書いたとおり、あなたにはまことに見事に書かれてしまいました。自然復元の必要性をいう人は、幸いにも増えていますが、このことを含めて考えている人は、まだ少ないですね。

鷲谷　ええ。そして、そのほうが重要なのだと、私も思っています。

川那部　「全部取り尽くしてしまうべき」だというご意見にも、琵琶湖の外来魚について考えれば考えるほど、賛成したいと思います。

じつは一〇年ぐらい前までは、ちょっと考えが違っていたのです。琵琶湖の在来の魚が減り始めたのは、オオクチバスやブルーギルが入る前からで、その要因は明らかに、沿岸を中心とする自然環境の変化です。だから周りの環境をきちんと復元して、在来種に適合したものになれば、時間はかかるかもしれないけれども、外来生物は減ってきて、在来種が復活するだろうと考えていたのです。

　ところが何年か前から、はしかけさん*と呼ばれる琵琶湖博物館のあるグループの人たちが、田んぼの溝まで含めて小さな川などを調べて得た結論は、ごく少数の例外を除いて、在来魚の生存とオオクチバス・ブルーギルの存在とは反対になり、それは在来の環境が残っているかどうかとは、あまり関係がないとのことになったのです。

　歴史は、時間の流れは、そのままのかたちでは戻らないのですね。環境が良ければ、これほどまでの外来魚の繁栄はなかったでしょうが、ここまで至れば、もう物理的・化学的な環境復元だけではどうにもならない。外来種の取り尽くしへの努力なしに、生態系の復元はあり得ないと、思うようになりました。

鷲谷　植物が侵入してくるときにも、まったく同じことが言えると思います。それに、もはやあらゆる生態系があまりにもひどいことになって

＊はしかけさん
「展示を考える」の章の脚注（二五四ページ）参照。

しまっていますから、外来種を駆逐《くちく》して在来の多様な種を維持していく生態系を復活させるためには、「伝統的な管理」だけではなくて、生態学を踏まえた科学的計画が必要だと、つくづく感じています。

司会　鷲谷さんは、霞ヶ浦などの復元にも、たいへんな力を貸していらっしゃいますね。今後もご活躍を期待しております。

動物は動かない？

（二〇〇三年一二月一七日、琵琶湖博物館館長室にて）

絵本作家・イラストレーター

福武《ふくたけ》　忍《しのぶ》

［司会・進行：松尾　知・亀田　佳代子］

一九六九年、兵庫県に生まれる。四年間の水族館経験ののち、イラストレーターとなる。コミカルなタッチに人気がある。『どうぶつえんにいこう』・『すいぞくかんにいこう』（ともに文渓堂）・『ぼく、いるかのラッキー』（毎日新聞社、越水利江子と共著）などの著書がある。

本がうまれるまで

司会　『どうぶつえんにいこう』*と『すいぞくかんにいこう』*をお書きになった動機を、まず聞かせて下さい。

福武　動物園・水族館や博物館など、立派な施設はたくさんあるけれども、それを「見に行く人」と「作っている人」の意識がとても離れていると感じていたんです。私は以前に水族館で飼育員として勤めていたのですが、不思議なことに当時はそのことについてあまり深く考えていませんでした。会社を辞め、自分自身が「作っている人」から「見に行く人」になり、あらためて感じたことを、たくさんの人々に楽しい形で届けてみたいと思ったのが始まりです。

川那部　二冊のうちどちらが、作りやすかったですか？　やはり経験のある水族館の方でしたか？

福武　いいえ、水族館に在職していたときの私の専門は海生哺乳類の飼育調教だったので、当時は魚類についての詳しい知識はあまりなく、本を作るにあたっては一から勉強しなければならない部分が多かったので、『すいぞくかん』の方が『どうぶつえん』に比べ、ずいぶん時間がかかってしまいました。それに動物園は日本全国北も南も同じような感じで、

*福武忍著『どうぶつえんにいこう』（二〇〇一年、文溪堂発行）

*福武忍著『すいぞくかんにいこう』（二〇〇三年、文溪堂発行）

共通項が見いだせますが、水族館は場所ごとにテーマがそれぞれ異なっているんです。苦労が多かったですが、環境や生物の多様性をつくづく実感させられた仕事でもありました。

川那部　なるほど。しかし個々の生きものを超えた楽しさが、なかなか良く描かれていますね。

水槽の「うち」と「そと」

川那部　私は湖よりも川で魚を見てきたことが多いのですが、そのような目で見ると、日本の水族館の魚の密度はとんでもなく高いですね。琵琶湖博物館の水槽展示も、ある程度同じです。実際には、あんなにたくさんいることはあり得ない数ですよ。

福武　そうですね。フィールドではどこにいるのか、こちらが一生懸命さがさなければならない生きものの方が多いですよね。

川那部　それからもうひとつ、本当は澄んだ水のところにいるはずのない魚、泥などで濁ったところだけに棲んでいる魚が、水槽の中にいます。

福武　それも「ほんとうはあり得ない」状況ですよね。でも私たち「見に行く人」は見えないと嫌なのでそんなことは気にかけないし、「たくさんいてあたりまえ、きれいな水であたりまえ」だと思っているんです。

透明度のほとんどない揚子江《ようすこう》に生息しているヨウスコウカワイルカだって、私たちにかかってしまえばめっちゃクリアなお水の中で暮らさなければならなくなります。イルカにとっては違和感いっぱいでも、「見に行く人」は誰も「きれいな水でかわいそう」なんて思ってくれない。

川那部　だからうちの水族展示に、本当の棲み場所ではこれぐらいの数が精一杯だとか、この魚は実はこんなに濁ったところにしか棲んでいないんですよ、というような水槽を、ぜひそのうち作りたいのです。

福武　すごい意地悪な水槽で、いいですね。

川那部　当館は、「野外へのいざないの博物館」だと公言しているわけですよ。だから、きれいな水の中にたくさんの個体がうようよいる水槽だけではなしに、せめて、野外での魚の棲み方が疑似的にでも見られるようなものを作りたいし、そうすべきだと思うのです。

福武　最近の動物園でも、動物たちの「見られるストレス」を軽減しようと、広い展示敷地内に植生をたくさん配置して動物たちが隠れられるようにしはじめていますが、その活動の運命は私たち「見に行く人」がどれぐらい「見えないストレス」を乗り越えられるかにかかっていると思います。

動きを見ない観客、動かない動物

川那部　先日沖縄の水族館を見せて頂いたのですが、広い空間をいろいろな魚の群れが動き回っているのは壮観でした。ところが、その水槽を長い時間見続けている人は少ないんです。「あっ、すごい」とか言って、右から左へふつうの速度で歩くだけ。いや、動いていることを確認できたら充分で、どういうように動くのか、つまり本当に生きているのかどうかには、ほとんど興味がないのではないかとさえ思いました。

福武　動物園でも、一個体ずつ観察してみればとても楽しめるけど、みんな「あ〜、カバ、カバ」とか言いながら、さっさと通りすぎちゃうんです。そういうのを見かけると、剥製にすりかえちゃっても、誰も気がつかないいんじゃないかと…。「とにかくそこに五分立って見てろっ！」って、きっと私がカバだったら、そう吠えますね。

川那部　そうか。福武さんの本は、生きた動物を生きたものとして見て欲しい、そういう考えから生まれたものですね。

福武　私が勤めていた水族館のペンギンも毎日ひなたぼっこばっかりしていて、通り過ぎるお客様から「剥製《はくせい》」呼ばわりされていました。南米のチリで野生のフンボルトペンギンを観察したことがあるのですが、野生状態でペンギンが活発に動くときというのは、餌を捕りに行くときぐらいなんですね。海に入って、胃袋を魚いっぱいにして帰ってくる。繁殖期がくれば求愛行動をしてつがいをくんだり、巣をつくる。卵を産めばそれを抱いて、ひながいれば胃の中の餌をもどして与える。彼らの生活はただそれだけ。毎日その繰り返しであとはなんにもしない。だから、時間通りに餌がもらえる動物園や水族館では、必然的に動かなくてもよくなってしまうんです。

川那部　それはおもしろい。イギリスにエルトン*さんという生態学の先生がいましてね。その人が一九二七年に出した本に、「動物は、たいていのときは何もしていないが、活動し始めるとそれは、質のいい餌をたくさん食べるためだ」とあるんです。

福武　そう。野生ではそれが最低限必要な条件であって、それさえ満たされていればそれ以上はなにもいらないようですね。動物園や水族館のような飼育下では、餌は探さなくても勝手に出てくるわけですから、あと残ってるのはゆっくり休むことぐらい。彼らが動かないのは実は私たちが作り出した生活環境のせいなんです。

***エルトン（Charles S. Elton）**
イギリスの動物生態学研究者（一九〇〇～九一）。二七年出版の『動物生態学』は、食物連鎖の概念を中心に生態学に現代史を開いたとされる。『侵略の生態学』・『動物群集の様式』（いずれも思索社）などの著書も邦訳されている。

動く動物のおもしろさの発見を

福武　しかし、動かないといっても限度があるわけで、粘り強く観察していると、背伸びをしたり、寝る場所をかえてみたり、それぞれにモゾモゾしています。動くかどうかわからないものの前でじっと待つなんて、無駄に思えるようなことですが、動物園や水族館は実はそういうことを積極的に楽しむ贅沢な場所なのだと私は思います。

川那部　先の沖縄の水族館では、小学生や中学生を見かけました。多くのクラスでは先生が、水族館にいる時間は「やれやれ休める」と言う感じでしたが、いくつかのところは事前にも議論したらしい学習ノートを見ながら、水槽の前で生徒にそれぞれ、いろいろ質問を続けておられました。福武さんの本には、そういう役にも立ちそうなところも、たくさんありますね。

福武　本を読んで楽しんでいただければ、それで十分なのですが、実は「お役立ち情報」もたくさん盛り込んでいます。例えば魚のひれ一つとっても、意味があるんですよ。タツノオトシゴは、ただぼーっとしているように見えますが、よく見ると透明なひれが一生懸命に絶え間なく動いていて、後ろに流されそうなのにがんばって前に向かって漂っていたり、まさに生きざまが形になっちゃったという感じで、それがわかったときには「すげーっ、かっこいーっ」と思わず口に出して大感動してしまいました。そんな見つける楽しみと感動を本の「おまけ」として受け取っていただいているならば、作者として本懐《ほんかい》です。ただ、「答えは自分で見つけてね」という作りにしてあります。

川那部　それは、琵琶湖博物館のそもそもの考えとも共通しますね。答えは各自が、それぞれに出して下さるように、と。

福武　私自身も作品を仕上げるたびに体験することなのですが、たとえ答えまで遠回りしても、それは無駄なことではないと思います。だから作品の中にもあえて近道は示さないように心がけています。

人それぞれのおもしろさの発見を

福武　動物園や水族館にしても、博物館にしても、ただ物があるだけではなくてその後ろには必ず「作っている人」がいる。だったら「見に行く人」も「いきつけの場所」を作って自分だけの特別な「発見」をし、その後ろにいる「作っている人」の気配も感じ取ってほしいと考えています。十人十色というぐらいですから、人の数だけ思いも違う。「見に行く人」と「作っている人」が互いに、「私はこう感じたけど、あなたはあなたのおもしろいところを探して」というふうになれば素敵ですね。そのためには両方ともにもっと努力が必要です。まず「見に行く人」はお気に入りの場所を見つけて何度も通ってほしいと思います。

川那部　野外で動物を観察する連中は、じっと待って見ています。何度も何度も現地へ通ってね。園内や水槽内は、しょせん野外そのものではないにしても、その都度新しい発見があるはずです。

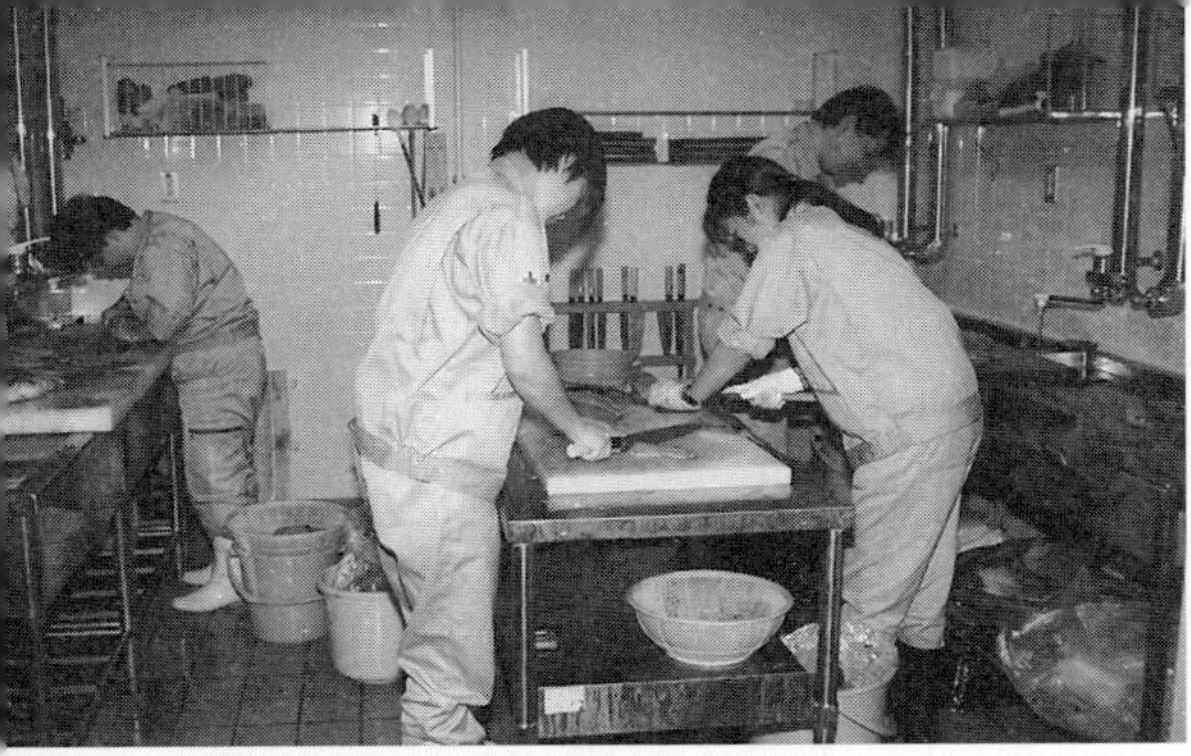

琵琶湖博物館の水族飼育員の作業のひとこま。魚などにやる餌を準備している（1997年２月撮影）

福武　私たちのすることにも必ず意味があります。私たちを取り囲む動物園や水族館、そして博物館にも意味がある。「飼われている生きものがかわいそう」と言う方もいらっしゃいますが、生きものを展示することにもきっと意味がある。積極的に施設を利用することで、それぞれの存在意義を見いだしていただけるようになればいいなと思います。

川那部　それが、福武さんが本を作りあげられる意義でもあるのですね。次には、何を対象にお描きになる予定ですか。

福武　植物園や博物館…、ほかにも構想がたくさんありすぎて困っている最中です。

司会　今日はおもしろいお話をありがとうございました。次の福武さんの作品を楽しみにしています。

植物を楽しむ―園芸文化の過去と現在―

（二〇〇四年七月六日、琵琶湖博物館館長室にて）

愛知豊明花き流通共同組合　理事長

小笠原《おがさわら》　亮《りょう》

［司会・進行：布谷　知夫］

一九三三年、愛知県に生まれる。京都大学農学部研究生を経て、五七年に名古屋園芸会社を創業、現在は代表取締役。実務の傍ら園芸普及に努め、また、自宅に江戸の園芸書を収集した雑花園文庫をもつ。『新しい観葉植物』（日本放送出版協会）・『江戸の園芸　平成のガーデニング』（小学館）・『朝顔明鑑金少』（思文閣出版）などの著書がある。

照葉樹林帯の人たちは花好き

司会　琵琶湖博物館では七月一七日から、植物の繁殖戦略を主題にした企画展示「のびる、ひらく、ひろがる—植物がうごくとき—」を開催します。『江戸の園芸　平成のガーデニング』という御著書もあり、園芸の専門家であるだけではなく、文化史にもたいへんお詳しい小笠原さんに対談をお願いいしました。

川那部　前回の「うみんど対談」の中で、お相手の方が「動物園や水族館の観客の多くは、動物がとにかく動いているだけで満足して、どう動くかなどには興味がないようにしか見えない」という逆説を出されまして、そうかも知れないと思ったことがあります。今年の企画展示ではそれとは逆に、植わっているとはいっても、植物も、時間をかけですがさまざまに動くこと、その面白さを示したかったわけです。

園芸というのは、その個体はあまり動かないが、植えて持ち運べる植物の利点を、大いに活かしたものですね。江戸時代には園芸がたいへん盛んで、海外から日本列島へやって来た人々も驚いていたようですが…。

小笠原　世界中、いろいろなところへ行かせて頂きましたが、どうも一般に照葉樹林帯*の人々が、花が非常に好きなようですね。

*照葉樹林帯
暖温帯常緑広葉樹林のうち、カシ・クスノキ・ツバキなど、表皮のクチクラ層が発達した光沢の強い深緑色の葉を持つ樹木を優占種とする森林地域。日本からヒマラヤまでの、アジア大陸東部にあたる。この地域に住むヒトは、生活や祭礼などにおいて共通で独特の文化（照葉樹林文化）を持つとされる。

アフリカでは、山のように花があって、「持って帰ってええよ」と言っても、持って帰らない。サボテンを家の周りに植えるようなことも、ほとんどないようです。ヨーロッパも、生活の進歩によって花と付き合うようになってきたという感じで、根っからの花好きじゃないように思えます。

それに対して東南アジア、とくにタイ・ラオス・中国の境界近くでは、バラック*のような家にもランを、枝に絡ませてぶら下げたり、欠けた茶碗のようなものにちょっと植えたり、いろいろしているんです。どちらかというと花の少ない照葉樹林帯の中で、逆に、草本性の花を身近なものに取り入れていき、幅が広がってきたのではないかと、想像しています。

江戸の園芸は上方に始る

川那部　江戸時代に園芸が開化したといっても、それ以前から花はいろいろに賞《め》でられてきていますね。

小笠原　ウメは奈良朝にはすでに入ってきていました。この外来植物のウメを、日本にあったサクラ以上にいわばあこがれて、大事にしたようです。菅原道真つまり天神さんのウメ好きは、良く知られています。御所も昔は、「右近のタチバナ、左近のウメ」だったんです。九六〇年

＊バラック（barrack）
本来は兵隊のための、とくに細長い宿舎のこと。関東大震災で瓦礫の山となった東京都心に、ありあわせの材料で建てた急ごしらえの一時しのぎの粗末な小屋を指すものになり、さらに粗末な住宅一般をも意味するようになった。

でしたか、御所が燃えて植え替えたときには、それはサクラだったんです。

川那部　ウメとタチバナの対はいいですね。匂いがよろしい。その点ではサクラは、格段に落ちますね。平安朝の物語や随筆には、香りに関する素晴らしい感覚が判ります。

小笠原　『古今集』にしたって、『新古今』にしたって、花の歌をはずしたら、どんな歌が残るのか。ほとんど残らないでしょう。

川那部　ええ。連歌や連句などでも、月と花には定座《じょうざ》*がありますものね。花とはサクラに限っていますが。

小笠原　上方で積み重ねられてきた、園芸品種だとか習慣だとか技術だとかが、新開地である江戸へ一気に流れて行ったのです。そのいちばん元には、家康・秀忠・家光という徳川家の最初の三代の将軍がいました。この三人みんなが花好きだったのです。

家康は、最初はあまり花好きではなかったようですが、林羅山《らざん》*が長崎で中国の『本草綱目《ほんぞうこうもく》』*一式を買ってきて、それを家康に献上したんですね。家康はこれを座右に置いて、最後にはお薬まで自分で作って、いわばハーブ研究家になっちゃったんです。

川那部　江戸の花好きは最初の三代の将軍から始ったとしても、その趣味が広く侍や町人に拡がったのは、江戸時代の最初からなのでしょうか。

＊定座
俳諧で、月と花を読み込むように決められた位置。歌仙では、初表五句目・初裏七句目・名残裏一一句目月の座、初裏一一句目・名残裏五句目が花の座。

＊林羅山
江戸初期の儒学者（一五八三〜一六五七）。幕府の法度・外交・典礼にも大きく関与した。

＊本草綱目
中国明代の李時珍《りじちん》（Li Shizhen）が、一五九六年ごろに刊行した五二巻の薬物書。日本への渡来は一六〇七年で、この影響の下で、後に日本の本草学が花を開く。

小笠原　初期はまだ、上方が断然優れていたようです。一七三〇年ごろ、年号でいうと正徳《しょうとく》・享保《きょうほう》あたりまでは、江戸は上方に劣っていたと思います。

川那部　たしかに芝居や小説も、江戸のほうが盛んになるのは後半からですね。

小笠原　その点でも江戸の園芸というものは、長い伝統がありかつ江戸時代になっても発達し続けていた上方のものを受け入れて、ぱっと見事に発展させたものといえるでしょう。

図譜から探るさまざまな品種

司会　御本で見たのですが、江戸時代には、いろいろな園芸植物にたくさんの品種があったのですね。

小笠原　『椿花図譜《ちんかずふ》』と呼ばれているものには、サザンカ一八種を含めまして、七二〇のツバキの図が載っています。有名な安楽庵策伝《あんらくあんさくでん》*の『百椿《ひゃくちん》図《ず》』は、名の通り一〇〇の品種について、言葉で解説したものです。

ツツジも、江戸初期に落成した詩仙《しせん》堂（京都市）にもあるように上方が元でしょうが、関東ロームの土壌に良く合ったと見えて、元禄*時代になると江戸でツツジブームが起きます。キクも上方からです。ブームは、

*安楽庵策伝
安土―江戸時代の僧侶・茶人（一五五三～一六四二）。『醒睡笑《せいすいしょう》』を出版し、落語の祖として著名。

*元禄
一六八八～一七〇四を指す江戸時代の年号。京都・大阪を中心に文化の花が開いた将軍綱吉《つなよし》の時期を、広くさすことも多い。芭蕉の俳諧、西鶴の小説、近松の劇、光琳の絵、清信《きよのぶ》の版画、白石・徂徠《そらい》の儒学、契沖《けいちゅう》の国学、益軒《えきけん》の本草などはその例。

『椿花図譜』（宮内省書陵部所蔵）から、竹嶋飛入（右上）・刑部星（右下）・小南京（左上）・出羽万重（左下）の図。いずれも彩色豊かである

最初樹木から始って、キク・ボタン・シャクヤクなどの宿根草に移り、それからアサガオのような一年草になる。

川那部　朝顔市は、今も東京では盛んですね。これはそもそも江戸から始ったものですか。

小笠原　アサガオについては、一家言持っておりまして。ブームは文化・文政*からなのですが、その七〇年ほど前に尾張名古屋の藩士三村森軒が『朝顔明鑑鈔《めいかんしょう》』というのを書いて、二〇〇ぐらいの品種について解説しているのです。だから私は、アサガオは名古屋が出発点だと言っているのです。

＊文化・文政
文化は一八〇四～一八年、文政は一八～三〇年を指す江戸時代の年号。江戸（現東京）を中心に文化の花が開いた、家斉《いえなり》が将軍ないし大御所の時代を、広くさすことも多い。合わせて化政期ともいう。応挙《おうきょ》・竹田《ちくでん》から浮世絵、南畝《なんぽ》・川柳《せんりゅう》らの詩歌、京伝《きょうでん》を代表とする洒落本・人情本、秋成《あきなり》・馬琴《ばきん》の読本、南北《なんぼく》の歌舞伎、宣長《のりなが》の国学、さまざまな科学の興隆などはその例。

絵図面からバイオ技術へ

川那部　穀物でも園芸でも、品種作りが盛んだったのですね。

小笠原　そうなんです。しかし字で書いた本は、識字率の低い一般庶民には、なかなか読めないわけですよね。そこで江戸後期には、『草木《そうもく》種選び男女の図』*なんて、変な意味にもとれそうな刷り物が出てきます。

例えばダイコンについて、お尻が少し丸いのと、すっとこけたのとを並べて画いて、すっと細いのを男、ちょっと尻の太いほうを女だとして、たねをとるには女のほうからとれ、と書いてあります。またイネの場合は、穂のいちばん下、根元に近いほうに枝が両側に二本出ているのと、片側しか出ていないのとがある。一本のは男で、二本のは女だから、これも女のほうのたねを選べ、と言うわけです。

川那部　なるほど。

小笠原　一種の系統選択ですよね。おナスもやっぱり、ひょろっとしたものより下ぶくれのものを、徹底して選び続けてきた人があるのではないでしょうか。この典型が京都の賀茂《かも》なすなのです。

こういう掛け合わせや選択は、特別の人がやっていたのではなくて、みんながやっていたようです。先に申した『朝顔明鑑鈔』にもすでに、

＊草木種選び男女の図
中国の陰陽説の影響を受け、植物の種子や個体にも雌雄（男女）の区別があり、栽培の目的に沿って雌雄を選べば品質や収穫がよくなるという考えが広まっていたことによる。オランダの図説から植物の生殖器官は雄しべと雌しべであることを知っていた農学者の大蔵永常らは、その誤りを指摘したが、あまり効果はなかった。

「変態百出して」とありますが、そのちょっとした変わりを見逃さずに、ぴゅっとつかんでいったんですね。その結果、珍無類の花が出来ます。

こういうのはアサガオだけではありません。在来のカワラナデシコと中国からきたセキチク、それにオランダから渡来したカーネーションとを混血させた伊勢撫子《いせなでしこ》は、花びらの長さがなんと三〇センチ以上になります。

川那部　動物にも、尾長鶏《おながどり》やランチュウのようなものがありますね。

小笠原　秋でなく夏に咲くキクとか、四季咲きのカキツバタなども、まだきっちりとは調べていないのですが、室町時代からあったようです。

ただ最近までは、変異を固定させるのには、それなりの時間がかかっていた。それに対して現在は、園芸植物でもなんでも栽培植物の大部分は、バイオ技術によって繁殖させることができるようになりました。それなりの費用はかかりますが、一度に何万でも何十万でもできるわけです。

江戸の園芸、今のガーデニング

川那部　江戸時代のそういった園芸と、今のいわゆるガーデニングとを比べてみて、小笠原さんは、どんなふうにお考えですか。あるいは、どうお感じでしょうか。御本にも少しありましたが…。

小笠原　そうですね。心はいっしょだと思います。花を見ることが非常に楽しいという、その気持ちは変わりがないと思います。ただ現在は、自分で努力しなくても手に入る、あまりにも安直に手に入りすぎます。

それが良いと思うのか、やはりあこがれて、待ちに待ち、願いに願って、やっと手に入るという、そういう経緯が価値だと思うなら、いまは非常に不幸な時代ですね。江戸時代には、そんなに安直には手に入らなかった。それは私たちの子どものころまで、ずっと続いていました。先輩を何度も訪ね、やっと教えてもらい、苗を分けて頂いて、やっと花が咲いたものです。

以前は、作ることの楽しさがありました。今は、わずかなお金を出せば揃います。買ってきて植えるだけで、ガーデニングとして楽しめる。便利になったことは確かですが、便利が即幸せかというと、違うかもしれない。ちょっとひねくれているかもしれませんけれど…。だから、いまは不幸な時代だともいえるし、あるいは、非常に低い経済価値で、世界の名花をみなさんが目の前で楽しめる良い時代だ、といえるかもしれません。

小笠原さんの本
『江戸の園芸 平成のガーデニング』
（一九九九年、小学館発行）

琵琶湖の今昔―空からの映像をもとに―

（二〇〇四年一〇月二六日、琵琶湖博物館館長室にて）

フリーカメラマン・映像作家

中島《なかじま》 省三《しょうぞう》

［司会・進行：芳賀 裕樹］

一九四〇年、滋賀県に生まれる。大津商業高校卒。六七年に小型飛行機自家用操縦士免許を取り、七五年以来フリーランス＝カメラマンとして活躍。『空景の琵琶湖』（文化評論社）・『琵琶湖周遊』（恒文社）の著書や、『ないこのつぶやき』など多数の映像作品がある。

飛行機に乗りたくて……

司会　中島さんは、琵琶湖の変化を長いあいだ、空から映像にしてこられたのでしたね。この博物館の常設展示にも、赤潮の写真（写真1）を使わせて貰っていて、たいへん好評です。

中島　あれは、一九七八年五月二七日の朝に八尾《やお》空港*を飛び立って、木浜《このはま》の上空で撮ったものです。撮影するのに窓を開け、高度を下げると、魚の腐ったような臭いです。水も茶色いし、ショックでした。

川那部　いやあ、それも感じるような見事な写真です。（笑）ところで中島さんが、琵琶湖の写真を空から撮り始められたのは、いつ頃ですか。

中島　それをここに持ってきました（写真2）。一九六六年一二月。この年の六月から飛行機の操縦を習い始めまして、六か月目くらいです。近江大橋が、まだ架かっていないでしょう?

川那部　ああ、ほんまや。これと同じ角度で見ることはないけど、やはり今の状態とは、だいぶん違いますね。

中島　琵琶湖の変化を意識して撮り続けようなどとは、その頃は思ったわけではないのです。この当時は、ヨシ原がほんとうにきれいで、まさに「緑の絨毯《じゅうたん》」でした。そういうところを低空飛行するのは、楽しかっ

＊八尾空港
大阪府八尾市にある空港。定期便が就航していないので、離着陸訓練や航空写真・航空測量などの拠点となっている。

写真1　守山市木浜の魞《えり》（写真中央）の南（上）側に、赤潮で黒ずんだ水が写っている（1978年5月27日、中島省三撮影）

たです。野洲《やす》川*の付け替え工事は、もう終わっていましたが、元の川筋、いわゆる北流から南流にかけての川口も、きれいな景観でした。今思えば、あの頃にもっともっと、撮っておけばよかったのですが……。

川那部　赤潮が出たのは、この最初の写真を撮られたときから、十年以上後ですね。季節も正反対で……。

中島　ええ。空から写した最初の頃は、琵琶湖がこんな風になるとは、思ってもいなかったです。一九六七年に大津の青年会議所に入って、それからすぐに、環境問題の映画を作りました。そのとき、京大の臨湖実験所におられた根来《ねごろ》健一郎*先生が、「諏訪湖も一度見に行ったら」と、教えて下さったのです。緑のペンキを流したような湖面を見て、たいへん驚いたのですが、まさか琵琶湖にアオコが出るなどとは思わずに、諏訪湖と琵琶湖をくらべた映画を作りました。『青の輝き』とい

＊野洲川
滋賀県南東部を流れる川。鈴鹿山脈の御在所岳を源とし、琵琶湖に注ぐ。流程約六一キロで、近江太郎の名がある。中世以来簗《やな》漁でも知られる。古来暴れ川としても有名で、琵琶湖博物館のある烏丸《からすま》崎は、これがもっとも南へ振ったときの河口にあたる。一九七九年に、河口部で南流と北流に分れていたのを、中央に一本化した。

＊根来健一郎
プランクトン植物学者（一九一〇〜二〇〇一）。京大理学部付属大津臨湖実験所を停年の後、近畿大学農学部にも務めた。『滋賀県植物誌』（北村四郎ほかと共著、保育社）『琵琶湖のプランクトン』（滋賀県水産試験場）などの著書がある。

う作品です。ところが、それから一〇年もしないうちに赤潮が出て、そのあとにアオコが出た。

川那部　アオコの出た最初は、たしか一九八三年でした。それはそうと、赤潮の写真の後も、ずっと記録を続けてこられたんですね。

中島　ほんとうのところは、飛行機の操縦が好きですから、最初のうちは、空で遊んでいたその結果です。

川那部　いやいや。

中島　ただね、空から見ていたところ、琵琶湖総合開発事業*が本格的に始まった一九七九年頃から、湖岸がどんどん変わっていくのが判るわけです。きれいな風景がなくなり、ヨシも消えていく。子どもの頃から報道写真とかにあこがれていたので、記録として残さなければと思ったのです。それを映画にしたのが『俺の見た琵琶湖１９８０』です。このあと、同じようなタイトルの映画を、何本か作っています。

＊琵琶湖総合開発事業
「沖島の漁業の変遷など」の章の脚注（六八ページ）参照。

湖のほとり、その岸辺

中島　琵琶湖博物館がいま建っている烏丸崎《からすまざき》が、とくにきれいでしたね。このへんはよく飛んでいましたから、埋め立てられて博物館ができるまで、ずっと撮ってあります。

川那部　最初の頃のには、魞《えり》*がたくさん写っていますね（写真3）。

中島　そうです。ほんとうは、博物館がもっと内陸にあって、その前景にこれが残っていたら、もっとずっと良い景色だっただろう、もったいないことをしたなあ、と思っています。あの時代には、そこまでは考えつかなかったかもしれませんが……。

川那部　ほんとうに、すみません。（笑）

中島　私はじつは、烏丸崎にはゆかりがあるんです。祖母の里が小津《おづ》神

＊魞　「沖島の漁業の変遷など」の章の脚注（七一ページ）参照。

写真2　中島さんが空から撮った最初の写真。南湖のほぼ全体が南東方向から写されており、岸辺は屈曲している。近江大橋も矢橋の人工島も、まだ存在しない（1966年12月、中島省三撮影）

写真3　1970年代後半の、三角形の烏丸半島（中央）と赤野井湾（その下）。烏丸半島の付け根には切り通し（水路）があって、実質は島のようなものであった（1977年、中島省三撮影）

社の近くの杉江*でして…。こどもの頃は、夏休みになると浜大津から船できました。のしするめを食べながら乗っていると、烏丸崎の切り通しのあたりには、両側にヨシ原が密生していて、スクリューをこすり、船はヨシ原にごんごんと衝突しながら、行ったものです。そのときの印象では、杉江はヨシ原ばかりで、それ以外には何もないところでした。守山で小さいカメとホタルを貰って、船に乗って帰ったのが夏休みの思い出です。

　ところで川那部さんが、琵琶湖を調査されたのは、いつ頃のことですか。

川那部　一九五五年頃に湖北へちょっと行きましたが、比較的良く動いたのは一九六〇年代の前半です。

中島　そうすると、同じような風景を見たかもしれませんね。

川那部　ヨシ原はほんとうにきれいやった。そのころ烏丸崎へ来るのには、陸からではなくて、私ももっぱら船を使ってました。

中島　長靴をはいていても、泥が柔らかくて深く入り込んでしまい、長靴の上から泥がその中へ入ってしまいますからね。尾上《おのえ》（湖北町）とか姉川の河口（びわ町*）とか、いろんな場所がそうだったように覚えています。

川那部　尾上の港は川の中にありました。どこでも小舟が、交通手段と

＊小津神社の近くの杉江
「湖辺のむらの資源利用」の章の脚注（二一五四ページ）参照。

＊びわ町
現長浜市。

してもたくさん使われていました。
それはそうと、このように次々と同じところが撮られているのを拝見すると（写真4）、時々伺っただけの私ですら、いろいろなことを思い出しますから、そこにずっと住んでいらっしゃる方々には、感慨深いものがあるでしょうね。

写真4　高島町（現高島市高島）の乙女が池の周辺。左は1981年、右は現在の状態である。白い砂浜は、国道と消波ブロックに変わっている（中島省三撮影）

多様な使い方、一つの使い方

中島　この博物館で、以前川那部さんのお話を聞いたもので、今も印象に残っているのがあります。それは、水辺はぐちゃぐちゃとしているし、自然には、きっちりした境界線はない、というものです。

川那部　ええ。以前の岸辺は、名まえのとおり辺（べ）、つまり「あたり」でして、陸から湖の中まで連続していました。水ぎわも、上下にも横にも大きく移動して、田んぼと湖も、季節によっては行け行けになってましたし……。自然はとにかく、連続しているんですよ。

中島　田んぼでもみんな、遊んだりとかしていましたね。

川那部　京都の町中育ちの私でも、水が落ちた秋の郊外の水田では、イナゴを捕まえました。水田というのは、米を作るだけの場所ではなく、とくに琵琶湖の周りの田んぼは、魚など「おかずとり」の場所でもあったのですね。湖岸も同じで、遊びやらなんやら、さまざまに使うたものです。

中島　大津市の長等《ながら》小学校でしたから、プールはもちろんないし、柳《やな》崎《さき》まで泳ぎに行きました。こえの臭いのする田んぼのあぜ道を、くねくねと歩いて行くのも楽しみでしたし。

川那部　一九六〇年代の終わり頃に、堅田に奇妙な建物ができて、聞いてみると室内プールやと言います。琵琶湖の岸に、なんでわざわざプールを作るのかと、内心いぶかったもんでした。あの頃から、「湖岸では泳げない」という意識が出て来たんですね。

身近な風景こそ大切に

中島　航空写真だけでなく、街の風景も、山や人も撮ってきていますが、それを見直してみると、湖辺だけではなくて、多くのところが変わってしまったのを感じます。これは余呉の北のほう、高時川の上流の鷲見《わしみ》の集落です（写真5）。四〇年以上前の写真で、右手前の二軒だけにはまだ住んでいらっしゃいましたが、今はもう、この村そのものがありません。

川那部　うしろの雑木林もだいぶん荒れた感じですね。私はその頃はアユの調査で、京都府北端へ行ってましたが、この川の上流には、二～三軒だけの村落がぽつぽつあって、山も野も川もどこもなかなか見事な風景でした。小学校へ通うのに片道一時間以上も歩くような、不便なとこでしたが…。今は全部廃村になって、自然はかなり荒れてしまってます。

中島　里山だけではなく、その奥山もひっくるめて、一つのものとして

写真5　滋賀県北端の余呉町鷲見の集落
（1960年代、中島省三撮影・提供）

成り立っているのが、琵琶湖です。そのすべてが、残念ながら変わってしまったのですね。珍しいものではなくて、何気ないようなものの変化こそ、大きな問題です。けれども、なんでもないもの、ほんとうに身近なものへは、なかなか目が向けられなかった。私にしても、それに気づいて撮り始めたのは、ここ二〇年ぐらいのことです。

川那部　琵琶湖博物館へは、ぜひ浜大津からの船に、片道は乗ってほしいのです。陸の側からだけでなく、湖の側からも岸辺を見る。また、速く動く視点と遅く動く視点との、双方が必要だと思ってるんです。中島さんはそれに、空からのもっと速い視点まで入っているわけですね。

中島　空からでは、例えば水質の変化は判りにくい。赤潮やアオコを別にすれば、みな、ある程度きれいに見えます。しかし、湖岸の変化ははっきり見えるわけです。琵琶湖総合開発事業が進んでいたあいだは、毎年飛んでいないと、その変化が追えませんでした。最近はやっと変わる早さが減ってきたのですが、少なくとも二年に一度は、これからも琵琶湖を一周して飛んで、撮影を続けようと思っています。

琵琶湖を救う手だて

―多様な豊かさに支えられた循環型社会をこそ―

（二〇〇五年五月一一日、琵琶湖博物館館長室にて）

環境工学研究者、
琵琶湖・環境科学研究センター　センター長
内藤《ないとう》　正明《まさあき》

［司会・進行：杉谷　博隆］

一九三九年、大阪府に生まれる。京都大学大学院工学研究科修了。国立環境研究所を経て、二〇〇三年京都大学大学院工学研究科教授・同地球環境学堂長を停年退官。〇五年から現職となり、併せて、仏教大学社会学部教授・京都府市双方の環境審議会長・京都大学名誉教授。環境システム工学専攻で、『環境指標の展開』（学陽出版、森田恒幸と共著）・『岩波講座地球環境学10持続可能な社会システム』（岩波書店、加藤三郎と共編）・『まんがで学ぶエコロジー』（昭和堂、高月紘と共著）などの著書がある。

琵琶湖とのかかわり

司会　内藤さんが、琵琶湖と最初にかかわられたあたりから、お話し頂けますか。

内藤　考えてみますと、妙なご縁なんです。琵琶湖の流域下水道計画*は、日本で最初のものですが、それに直接携わったのが最初です。

川那部　内藤さんご自身としても、初期のものでしたね。

内藤　助教授になってすぐの、依頼を受けて行った最初の仕事です。建設省側からは一定の評価を受けて、いくらか満足したとたんに、住民の方から「うわっ」ときたわけで、何ごとかと驚きました。裁判も起こってたいへんでしたが、恥ずかしながら、何を問題視されているのかも、最初はあまりよく判っていなかったんです。

川那部　そのあたりは、ぜひとももう少し詳しく。

内藤　考えてみれば、「環境を正しく、良いものにする判断基準とはいったい何か」と言うことだったのです。「下水道処理をして水をきれいにしたら、それで良い」ということではなかったことに、やっと気付いたのです。「評価基準」はいろいろあって、環境にかかわる限り、そのどれかだけを選ぶという判断は、技術者のレベルでするわけにはいかなかった

＊流域下水道
　複数の市町村にまたがって下水道を整備する際に、都道府県が設置管理するもの。終末処理場を市町村ごとに設置する必要がないことなどの利点から、一九六五年に大阪寝屋川流域で整備されたのが始めで、以後大都市地域に限らず、広域的な事業として全国的に実施された。琵琶湖など湖沼関連地域では、窒素や燐を除去する高度処理が行われている。設置コストが大きいために、農村部ではむしろ合併浄化槽の設置が良いとか、自然環境保全にはかえって問題があるなどの指摘もある。

んだと。

「私なりにいろいろ目配りはしたけれども、こういう前提のうえでのものです」とは、あのときにきっちり言わなかった。むしろ、「水はとにかくかなりきれいになる。それでどうしていけないのか」と言ったわけですね。下水道に関しては当時、一般にそういう程度の段階でした。だけど、それはもうすでに、判断としては時代遅れだったということを、正面から突きつけられたのです。

霞ヶ浦。霞ヶ浦大橋が中央に見える（2000年4月16日、秋山廣光撮影。177ページにも写真がある）

琵琶湖と霞ヶ浦

司会　それで、霞ヶ浦での仕事が始まるわけですね。
内藤　ええ。国立環境研究所*へ行って、その立ち上げそのものに関与したわけです。すぐそばにある霞ヶ浦について、何もしないような環境研では意味がない、などとも言って。
茨城県のためという限定はできないけれど、モデルとして霞ヶ浦も扱

*国立環境研究所　設立当時の名は国立公害研究所。現在は独立行政法人。

世界古代湖会議で、地球儀を背負って講演するヴァレンタインさん（1997年 6 月24日撮影）

えないようでは、偉そうなことは言えないと、当時のメンバーの総力を挙げてやりました。その中に、霞ヶ浦と琵琶湖との周辺住民の意識調査の比較が少し入っていたんです。琵琶湖周辺の人たちの湖への関心・愛着は、圧倒的でした。それに対して霞ヶ浦周辺の人は、目の前にあるというのに「霞ヶ浦なんて、ここ何年も見たことがない。行ってどうすんねん」みたいな感じだった。

川那部　それも含めて、第一回湖沼会議*で発表されたわけですね。

内藤　そうなんです。このほうは私の本業ではなかったのですが、地球儀を背負って、酒を飲みながら話す外国人を含めて、何人かの方々に面白がって頂きました。

川那部　ははは。富栄養化問題の権威として知られるカナダのヴァレンタイン*さんですね。

内藤　それからもう一つ、はじめてシステム解析を霞ヶ浦でやったので

＊第一回湖沼会議
「琵琶湖の自然と文化」の章の脚注（三一一ページ）参照。

＊ヴァレンタイン（J.R. Vallentyne）
カナダの陸水学者（一九二五〜）。富栄養化問題の大家で、国際陸水学会議会長などを務める。八〇年京都での国際陸水学会議や八四年大津での世界湖沼環境会議などでも、地球儀を背負って講演し、環境問題の重要性を訴え続けてきた。著書『湖の生態──人為的富栄養化をめぐって』（恒星社厚生閣）の翻訳がある。

す。魚からプランクトンから、物理学的なデータも何もかも全部ぶちこんで、一つの予測を立てたら、どんな対策をやっても、霞ヶ浦の保全は難しいということになってしまったんです。条件を変えていろいろとやっても、極めて難しいんです。実は同じことを私はいま、琵琶湖について感じています。なまじっかなことでは、良い方向に改善していくのは困難だという感触を持っております。

循環共生社会システム研究所

司会 内藤さんが立ち上げられた「循環共生社会システム研究所」も、そういう考えを背景に生れたものと、理解して良いのでしょうか。

内藤 持続可能な社会を実現する手段としては、循環というような、多少ハードなしくみと、共生というソフトな人間のしくみとが不可欠だというわけで、こういう長ったらしい名まえになりました。京都の丹後地域や兵庫のあるところとかで始めて。滋賀は必ずしもターゲットに入っていなかったんですが、最近一気に浮上して、行政も入ったかなり大きなネットワークで、研究会を開いて数か月になっています。

滋賀県全体が循環共生社会に変わらなければ、琵琶湖が良くなることはない。琵琶湖だけに対策をしてどうにかなるという段階は、はるかに超えています。厳密にはこれから計算するわけですが、粗っぽい試算をやってみても、そんな感じです。

川那部　一九九二年の、いわゆる「地球サミット」で採択された「行動計画（アジェンダ）21」に、「人間活動を自然の容量限界内で適応させる」というのがありますね。それこそ琵琶湖淀川水系での「生活様式の根本的な変更」がなければ、生半可な対策などでは、言われるとおり無理だと、私も思っています。

内藤　ええ。「それでも〈助けたい〉とおっしゃるのなら、本当に持続可能な社会に変わられたらどうですか」という提案をしたいんです。どちらかしか無理だと言うこと。たらふく食べておいて、太るのはいやだというのは、成り立ちません。

ただ、一言付け加えれば、「よくここまで耐えて、がんばってこられた」とは思います。それは、琵琶湖自体が偉大だったことと同時に、県民や行政が、いろいろなことをものすごくやられたと。お金も相当につぎ込まれて、やっとここまで持ちこたえられた。これは高く評価すべきことでしょう。

川那部　その通りですね。人口が四〇％も増えている状況で、この程度で済んだのですから。しかし、逆に言えば、ちっとも良くなって来なかった。却って悪くなってきた。五年前の第九回世界湖沼会議*で、内藤さんが話された「人口再配置モデル」も含めて、いかに痛みを感じても、抜本的にやらなければどうにもならないところまで、来ていることはたしかなのですから。

内藤　それを「痛み」と感じるのか、それこそ健康体に戻るんだと思うか、そういうビジョンを私は描きたいのです。

川那部　これは内藤さんに、完全に一本取られましたね。「痛み」という言葉は間違いでした。そう。さらに優れた、まっとうな人間にならなければいけない。

琵琶湖・環境研究センター。大津市柳が崎にある。なお、前身の琵琶湖研究所の写真は29ページにある

センター長としての抱負

司会　この四月から、「琵琶湖・環境科学研究センター*」のセンター長に、正式に就任されたわけだけれど、そのご抱負は今までのお話でもかなり判ります。しかし改めて、少し話して下さいませんか。

内藤　今までのセンターについて

*第九回世界湖沼会議　「私たちの歌」の章（とくに二三一～二三五ページ）参照。

*琵琶湖環境科学センター　「琵琶湖研究所」が、二〇〇五年に組織改変されたもの。大津市柳が崎にある。「琵琶湖から考える21世紀」の章の脚注（一〇ページ）と、「琵琶湖の自然と文化」の章（とくに二九～三一ページと三九～四一ページ）参照。

は、「難しい研究をいろいろとやってきているのは知っているけれども、現実の問題解決にそれがどうつながっているのかが見えない」との意見があります。

それじゃあどうするか。センターの機能を二つに分けて、研究は国際的なレベルできちっとやる。もう一つ、そこで出たデータを加工して、いわばシンクタンク的機能、つまり解析の部門を作る。併任の私を含めてわずか三人ですが、それを作って頂きました。

川那部 その解析に対して研究者が、センター内部の人はもちろん外部の人も積極的に批判する。こうして互いに進んでいくと、すばらしいですね。

内藤 そうなんです。そういう解析を一方で努力してくれるのなら、それに役に立つデータを取ってやろうということも、出てくるだろうと。そしてそれが、良い論文を書くことにつながるだろうと、私は思ってはいるんです。

川那部 「行政を支える研究」というのは、現在の行政を進めるだけのものではなくて、行政が将来やらなければならない方向を、積極的に示唆して下さることですから。

また、システムの本職にいう話ではないけれど、個々に対する最適解を集めたところ、全体システムとしては最悪解になることも、ありますものね。

内藤 省エネカーなどは、ほんとうの意味ではエコではない。途中経過としては良いのですが、ほんとうのところは、「自動車の世界から自転車の世界へ」が、これからの真のエコなのだと思います。

川那部 内藤さんのおっしゃる循環共生社会が、軽く使われているものとは全く違うことが、改めてよく判りました。

内藤 そして、「解析の期間として二年下さい。そのあと、〈こんなことならいらない〉と言われれば、私は辞めさせて頂きます」とも、申したのです。

川那部 ちょっと言い過ぎで、格好良すぎる気もするけれど（笑）、それにしても、すごい抱負を語って下さいました。

それに滋賀県内は、お祭りなどをも含めて、むらのまとまりが今も続いています。仲間がまだ残っている地域です。先程の循環共生社会システム研究でいえば、歴史的なこの「集り」を活かさない手はない。

内藤 いみじくも言って頂きました。私たちは「エコライフ」などから単純に入っていますが、行き着く先はその地域の培ってきた伝統・文化、歴史だと、やっと気がつき始めたわけです。

このような面はもとより、それ以外でも、琵琶湖博物館を全面的に頼りにしています。いや、頼らざるを得ないと思っています。どうぞ宜しくお願いします。

川那部　こちらこそ、どうぞ宜しくお願いします。

虫を通して世界を見る

（二〇〇五年九月三日、琵琶湖博物館館長室にて）

解剖学研究者、北里大学医学部　教授

養老《ようろう》　孟司《たけし》

［司会・進行：八尋　克郎］

一九三七年、神奈川県に生まれる。東京大学大学院医学研究科修了。東京大学大学院医学研究科教授を経て、北里大学大学院教授を二〇〇六年退職。現在、東京大学名誉教授・京都国際マンガミュージアム館長など。著書は数多く、『ヒトの見方』（筑摩書房）・『唯脳論』（青土社）・『バカの壁』（新潮新書）などは特に著名である。

きっかけはカニから

司会　生きものが好きになられたきっかけは、何だったんでしょう。

養老　そもそもはカニです。穴を掘って、小さいきれいな砂玉を作るコメツキガニで、鎌倉海岸でのことです。幼稚園へ入る頃まで、ずっと見ていました。こちらが近づくと、すっと穴へ消える。じっとしているとまた出てくる。そして、次々と玉を作って並べるんです。

川那部　なるほど。京都生まれ京都育ちの私の場合、砂浜のカニを見たのは、大学三年のときですが、魅了されました。ゆっくり観察できるし、砂玉作りはなかなか楽しいですね。ときどき鋏《はさみ》を挙げて反りくりかえって、「あくび」もするし…。

養老　毎日ずっと見ていた。それに、家の前などにしゃがみ込んで、じっとものを見ている機会も多かったのです。おふくろが出がけに「何をしているの」と聞くから、「イヌの糞《くそ》」と答えた。用を済ませて帰ってきてみたら、まだそのままの恰好で、ずっと見ている。(笑)　実は、糞に来ている虫を見ていたのですが、詳しく言うのは面倒だったので…。だから親戚のものに、「あの子は絶対知恵遅れだ。三〇分もイヌの糞を見ていた」などと言って、心配したんです。

いちばん好きだったのは、じつは魚捕りだったのですが…。釣りは、魚があまり見えないので、それほど面白くはなかったのです。

川那部　昆虫少年は私の周りにもたくさんいたけど、たいていの人は採集だけに興味があるでしょう？　養老さんは子どものときから、観察と採集の両刀遣《づか》いだったわけですね。

養老　僕は少なくとも、虫の好きな奴のなかでは、見るのが好きだと言われています。標本を見に行っても動かなくなります。時間がなくなってしまうものだから、しかたなく切り上げるんです。最近も、ロンドンの自然史博物館で、虫を見ていたんですけれど、一〇日ほどのあいだ朝から夕方まで見ていたのです。そういうときがいちばん幸せです。

子どものうちは感覚の世界を

養老　人間の意識には、感覚の世界と概念の世界との二つがあって、それらが互いに重なっています。例えば、大きさの違うリンゴとナシがそれぞれ一つずつ、合計四つあったとします。リンゴとナシの二つにまとめるのがふつうでしょうし、さらに果物として一つにまとめることもできる。階層で一つにまとめるというのは、概念の世界です。だけど、子どもがどれかを選ぶと言うときには、大きさの違いは特に重要ですよね。

（笑）　感覚の世界はふつう、すべてのものは違うとしてとらえますが、虫を採ったり見たりするときは、色や形の違いがすべて気になる。つまり、感覚の世界で考えることになるわけです。

川那部　養老さんは、虫という存在、つまり「もの」について話をなさったけれど、そのことは働き、つまり「こと」についても同じですね。「食う食われるの関係」なんて言うけれど、ほんとうのところは、つまり現実に起こっているのは、「ある個体がある個体を食う」と言うことですから。

養老　ええ。感覚の世界ではすべてが違うという現実を知り、それをどういうふうに一つの言葉、概念にしていくのか、人間が生きていくうえでは、このトレーニングがたいへん大事だと思うのです。だから、少なくとも子どものうちは、体を動かして虫などに肌で触れ、「すべてが違う」という感覚を磨くことが必要です。僕が、虫の世界みたいなものを勧める理由は、ここにあります。

何がわかるのかわからないから、だからこそそれは面白い

司会　養老さんは、ヒゲボソゾウムシ*を熱心に調べられていますが、この昆虫はどういう点でとくにおもしろいのでしょうか。

養老　とくにこの虫でなければならない理由はないんです。採集したい

＊ヒゲボソゾウムシ　甲虫類ゾウムシ科昆虫の属名の一つ。金緑色で、春から初夏に野山の草葉上でよく見かける。外見の似たものが多いが、日本列島内だけでも二五種に分けられている。

（八尋克郎撮影）

ろいろの標本の中から、友だちがそれぞれ欲しいものを抜き出していったところ、残ったのがヒゲボソゾウムシだったわけです。ただ、この虫が気にいっている理由の一つは、何がわかるのか全くわからないことです。（笑） 今の世の中はとくに、何が起こるのかが全くわからないのだけれど、逆に、わからないことをやろうとは、ほとんどしません。

川那部 そう。答えがわかっているようなことしか、やらない。問いかけようとはしない。いつぞや「答えの世界には自由がない。問いの世界には自由がある」という標語を見たことがあって、たいへん嬉しかったのですが、今は、問いそのものにも自由がなくなってきている。

養老 日本の学問の、とくに悪いところですね。「禁欲的」とでも言いますか…。それに、科学的結論はそのままで正しいと思っている人がいる。科学の結論は、つねに事実と、いや前提や方法とも対になっているものです。「こういう根拠からすると、こう考えるのが正しそうだ」と言うだけのことで、だから、それをまた考えたり調べたりしてみようという、イマジネーションが刺激されるわけです。

不思議には正解がない

養老 『世界ふしぎ発見』という番組がありますでしょう。決して悪い番組ではないんですが、最後に必ず正解を言う。「正解があるような不思議とは、いったい何なんだ！」と、いつも怒っているんです。

川那部　ははは。私は、宿泊先ぐらいでしかテレビを見ないので、その番組は知らないんですが、ありそうなことですね。科学なんて、どんなに発達しても、ごく一部しかわからないのですから…。いや、そもそも解があるとは限らないものですし…。

でも、何かを問われたとき、「ああでもない、こうでもない」というと、だいたい嫌な顔をされますね。琵琶湖博物館には質問席と言うのがあって、私も含めて学芸員などが交代で座っているんですが、大人も子どもも、「早く正解を教えて欲しい」と言いたげな人が多いですね。

養老　入試なんかすごいじゃないですか。正解のない問題なんか出したら、袋だたきにあいます。「正解のないのは不祥事だ」みたいに新聞に出ます。人生なんて正解のない問題の連続じゃないかと、文句を言っています。

川那部　○×を付けるだけのものはともかく、文章で答案を書くものでは、以前は大学学部の入試でも正解のないのを出していましたが、この頃はたいへんかもしれませんね。大学院の入試には、少なくとも私の在籍中はずっと、正解のない問題ばかり出していましたが…。

養老　下手をしたら、最近は「くび」になりますよ。

学芸員などが毎日交代で坐る琵琶湖博物館の「質問コーナー」。この日は川那部が来館者の質問に応じている（1997年撮影）

川那部　意識的に、わざと出したらいいんです。

養老　それでも怒るでしょう。それで採点すると、主観的だと言う。

川那部　絶対的な客観性というようなものは、ないんですけどね。事実を踏まえたいろんな人の主観の総体が、いわば客観だし…。それにこれこそ、多数決の問題では全くない。

少なくとも、生きものの暮らしかたには、判然とした正解などはないということぐらいは、どうしてもはっきりしておかなければいけませんね。

虫を見てロマンを語ろう

養老　僕はなぜこれを強調するかというと、最近の男の子は元気がないということが、ずっと気になっているからなんです。大学生について言えば、絶対そうです。前列で熱心に聞いているのは、女の子ばかり…。男の子は、ほとんど入口のドアの近くにいて、すきがあれば逃げようとしている。（笑）実際、世の中でも、男は元気がない。元気のいいのはおばさんだけで、じいさんのほうは、ほとんどが機嫌が悪い。

川那部　ははは。私のことですか、養老さんもですか。

養老　それで、たぶんこうじゃないかと思っていることの一つは、ロマンがないことなんです。男はロマンチシズムがないと死んでしまう。わけのわからないことをやるとか、役に立たないことをやるとか、そういうことが一種のロマンです。頭の中では何かを、いっしょうけんめい考えている。「こうだと良いな」とか、「このようにしてみよう」とか…。

それを、いまの社会は殺してしまっている、余裕とか夢とか…。既成のことばではちょっと言いにくいんですけれど…、やっぱりロマン主義というしかないですね。これは、すべてがきちんと計算されているかのように、間違って思っている考え方の対極にある、今の世の中にいちばん不足しているのは、それです。だから、虫…。

川那部　生きものというのは、少なくともこちらの思ったようには、動きませんものね。もっとも以前に、ミミズだったか何だったか、そのかたちが教科書にあるのと少し異なっていたことがあって、「このミミズは、間違っている」と叫んだ学生がいましたが…。

養老　解剖の実習でも、「先生、この死体、間違っています」という学生がいましたよ。最初に言った、実体と概念との関係も、わからないのです。それに、自然の作ったものは、やはり何よりも美しいですからね。

動物が「幸せ」な展示

（二〇〇六年八月一八日、琵琶湖博物館館長室にて）

獣医学研究者、旭川市立旭山動物園長
小菅《こすげ》 正夫《まさお》

［司会・進行：布谷 知夫］

一九四八年、北海道に生まれる。北海道大学獣医学部卒。一九七三年旭川市旭山動物園に入り、一九九五年から現職。他の職員とともに、いわゆる「動物の行動展示」などを考案し、廃園も噂された動物園を、入館者数日本一の人気ある動物園に作り上げている。『旭山動物園長が語る命のメッセージ』（竹書房）・『〈旭山動物園〉革命』（角川oneテーマ21）・『戦う動物園』（中公新書、岩野俊郎・島泰三と共著）などの著書がある。

動物園は楽しい！

司会　旭山動物園は、相変わらずの人気ですね。

川那部　私も遅ればせながら、この六月にやっと見に行きました。この対談もあることですしね。（笑）　とにかく、見ていて楽しくなりました。

小菅　動物園というのは、とにかく楽しい場所です。それは間違いないと思います。ただ、だから「遊びに行く場所だ」と決めつけているようです。ところが動物のほうは、人間が期待しているようには、なかなか遊んでくれない。そこで、極端な場合は例えば石をぶつける。棒でつつく。相手の動物がぱっと逃げる。面白がって、またやる。こうしてやっと、遊んで貰っている気になっていたのではないかと思うのです。

川那部　なるほど。ホッキョクグマなどは、あっちへ行ったりこっちへ行ったり、せいぜいが遠いところで往復運動をするぐらいでしたね。そうすると、もっとそのクマらしい他のことをもして欲しくなる。その点、おたくの動物は、近くまで来るし、活発に動いていますね。

動物をじっくり見ると…

小菅　近くにいると、目の動きも見えるし、さまざまな細かなことがよく見えるのですよ。ペンギンは、遠くから見るとつるっとしていて、羽があるようには見えない。けれども近くで見ると、当然ながら一枚一枚の羽が見えます。それに気付く人が出て来て、そういう人たちは、ペンギンにそこにいてほしいから、変なことはしない。下手な手出しをすると、池のほうへ自分たちで行ってしまって、ほとんどいなくなる。

いたずらをやってしまう人々がいたら、うちの展示はそもそも成り立たないのです。例えば、頭の上にヒョウがいるときに、みんなが金網越しに傘で腹をつついたら、あそこに行かなくなります。

旭川市立旭山動物園における、ペンギンの散歩
(2005年3月4日、布谷知夫撮影)

同園における、ユキヒョウの展示。来園者の頭上の金網の上で、安心して寝そべっている。なお、さまざまに行動してくれるのも見える
(2005年3月4日、布谷知夫撮影)

川那部　それをじっくり見ていると、それぞれの動物が、その動物らしく生きている、動いているということを、人間のほうもぱっと感じられるというわけですね。

小菅　それに、生きているということは、すべては予測できないということです。ホッキョクグマがたまに、手をつくべきところがちょっとずれることがある。そうすると、ズルッとよろける。それを見て客は、わっと喜ぶのです。

精巧な機械ができて、スイッチを入れたら、ほんとうにそのとおりに動くような仕掛けをつくったとしても、何回か見ていたらそのパターンが頭に染み込みます。そうすると、次はこうなるその次はああなると、前もって判ってしまいます。それは全然面白くないですよね。「この動物は目が輝いているね」などという会話も、よく聞こえます。別にとくに輝いているわけではないんでしょうが、生き生きしているという印象を受けとるのでしょう。

繰り返して見ると…

川那部　次にはどう動くか、どういうことをするか、見に来る人にもだんだん、見当がつき始めますね。しかし相手の動物のほうは、ときどきは予測から外れたり、そもそも予測できない動きを、必ずしてくれます。そうするとまた、予測を立て直したりする。おたくの動物園は、そういう楽しみ方もできますね。

小菅 そうなんです。オランウータンなどでも、「この前見たときはこうだった。今日はこんな渡りかた*をした。ここでいったん止まったが、あれは何か考えていたに違いない」など、会話が弾んでいます。

生きたものを展示する動物園では、同じようなことは起きているけれど、全く同じことは二度と起こらないわけで、それが生きていると言う

オランウータンの「渡り」(旭山動物園提供)

「渡り」の前のオランウータンと、それを待つ来園者 (2006年6月4日、川那部浩哉撮影・提供)

*渡りかた
旭山動物園では、オランウータンが来園者の頭上を、綱にぶら下がったりしながら、渡って餌を採りに行く展示を行っている。どの個体が渡るか渡らないか、渡りかたや順序はどうかなど、一回ごとに違うので、来園者はかなり前から注目して見続ける。

ことですよね。いつ行ってもオランウータンが渡っているわけではないから、「ボタンを押したら渡っているように見える模型も作れ」と言う人もいますが、（笑）絶対にやりたくないのです。「ひょっとしたら渡らないかも知れない」というような期待感まで含めて、三〇分後、四〇分後に実際に渡ったときの感動は何事にも代えられないと思うのです。

行動展示はこうして始まった

司会　あのような展示の仕方は、どうして工夫されたのですか。

小菅　先ずは解説板ではなくて口での解説から始まったのです。寄付を願って解説版を一所懸命に作ったのですが、誰も読まない、読んで貰えないのです。そこで毎日飼育係が、わら半紙に今日の様子を、「誰々は機嫌が悪い」など、その日その日の動物たちの様子を書いたものを持って、外に出てしゃべったのです。

　ところが飼育係の中に一人だけ、たいへん口下手な男がいたのです。人前では震えて話せない。そこで、「見てください。こういうことをするのがハナグマなんですよ」と言った。木の枝の細い先まで行って、臭いを嗅ぎながら餌を探す運動能力はすごいものですから。そして、「このようにしてバナナを探して取って食べるのがアカハナグマの行動パターンです」と。しゃべるのはたったそれだけで、あとはアカハナグマが自分でずっとそれをやっているわけです。それを見ていた他のものが、あれなら俺のところでもできるというので、「こういうことをやろう」「ああいうことをやろう」と、みんながさまざまに工夫し始めたのです。

旭山動物園の一番の特徴?

川那部　おたくの展示の仕方は、「行動展示」という名前で呼ばれ、いまや一世を風靡していますが（笑）、あらゆるところで直ぐに真似もされている。だからどの程度の期間、その独自性を持ち続けられるものかと、いささか不謹慎に考えていたのですが、実際に眼で見、また今のお話を伺って、これはまだまだしばらく続きそうだと感じました。

それは、旭山動物園の飼育員などの方々が、みんなそれぞれ不断に発明していらっしゃる。装置が次々に大きく変わらなくとも、これなら来てくれる人々につねに新しいものを見せることが出来る。だから、この現象はかなり長く持つな、と思いました。

小菅　様々な工夫と展開は、飼育係がそれぞれやっているのです。それも、お客さんのためにやっているのではなくて。そうしないと、そもそも動物のほうが飽きてくる。動物の方が先に飽いてしまって、見向きもしなくなります。別のことをやってやれば、新しいことだから動物がまた楽しく暮らせます。つねに動物が幸せを感じるような展示、それが重要だと思っているのです。

動物園は地球を救う

司会 動物園の役割についてのお考えを、ここらで聞かせて下さい。

小菅 動物園は、博物館の一つであり、生きた野性動物を展示するものです。動物園での仕事は、ほんとうのところたいへん苦しい。毎日毎日うんこ掃除・おしっこ掃除、餌も毎日捕りに行く。生きた餌を食うものには、生きたままのをやらないといけない。だから、目的がはっきりしていないと、続けることはできません。

それでは、何のためにやっているのか。この魅力的な動物が、いま地球上ではこういう状態で、行く行くは絶滅してしまう。「ほんとうにそれでいいのでしょうか」というメッセージを伝えるためだと考えています。動物園の活動によって、多くの人に野性動物の魅力を伝え、自然環境のすばらしさや重要さを伝えることができれば、人間も愚かではないはずだから、きっと共存の道をとるだろう。自然が残され、地球が救われ、その結果、人類も救われるという活動をしようと、互いに言いきかせているんです。

これからの旭山動物園

司会　今後の計画を、お話いただけますか。

小菅　すぐやるのは、オオカミです。北海道では今、農地や林地に被害を与えるからと、エゾシカが悪者になっています。しかし、明治に入り、北海道開拓の時代になると、入殖した人々は、エゾシカなどをコントロールしてくれるオオカミを、絶滅させたのです。それも国策として、たった三〇年でなのです。それを反省するためにも、オオカミの実態を、決して人を襲うような動物ではないことを、しっかりとアピールしないといけないのです。

実は、水族館にも手を出そうと思っています。それも、石狩川*水系をやりたいのです。ペンギンやホッキョクグマやアザラシをやったのも、ほんとうは、旭川と地球を結びつけたかったからなのです。例えばアザラシの展示では、「北の港を再現した展示ですが、自然界にはたくさんあって、ここには全く無いものがあります」と、職員が話すのです。「なんだと思いますか、それはごみです」と続けます。大量のごみがアザラシをどれだけ痛めつけているかを、知って貰うためです。

*石狩川　北海道中央石狩山地に発し、上川盆地から南流し、石狩平野で北西に方向を転じ、日本海に注ぐ川。流域面積は北海道島の二〇%を占め、流路延長も三六五キロと信濃川と並んで日本最長だったが、直線化工事により一〇〇キロ短くなった。

旭川市民の暮らしが、地球の隅々まで影響を与えている、それを展示しようと、スタートしたのです。いちばん遠いところにいるペンギンから始めました。石狩川水系は、その連なりの旭川のいちばん近いところです。森と海とをつなげて、いろんな生きものの生きかたを展示する。それが石狩の海を豊かにし、北極・南極にまでつながっている。だから、「旭川は地球全部に責任があるのですよ」というメッセージを発信したいのです。

川那部　期待しています。琵琶湖博物館の水族展示も、いや、生きていないものを展示している他の部分についても、そちらに負けないように、いろいろやらなければいけませんね。

ふるさと・琵琶湖への想い

（二〇〇六年一〇月二一日、琵琶湖博物館館長室にて）

ＮＨＫ　チーフアナウンサー
野《の》村《むら》　正《まさ》育《いく》

［司会・進行：用田　政晴］

一九六二年、滋賀県に生まれる。京都大学大学院法学研究科修了。ＮＨＫに入局し、『ＮＨＫニュースおはよう日本』キャスター（二〇〇四～〇六）、『新日曜美術館』（二〇〇六～）の司会を務め、現在は午後一一時のニュースキャスターや、『ネクスト世界の人気番組』の司会を担当している。

恩師・川那部先生と私の琵琶湖

司会　一〇周年記念式で講演していただいたあと、引き続きで申しわけありません。

野村　実は、今日はとても緊張して琵琶湖博物館へ来ました。私は一九八〇年に大学で川那部先生の「自然科学1」を受講し、その印象は鮮烈でした。その恩師を前に話をするのは、たいへんなプレッシャーです。答案では琵琶湖のことを書いたのですが…。

川那部　それは、申しわけありませんでした。（笑）　ときどきそういう方がおられて、赤面するばかりです。

野村　今でも答案の内容を覚えています。母が、琵琶湖は赤潮など水の汚れが大変らしいから、「ちょっと手がかかるけど二度すすぎして、合成洗剤をやめて粉石鹸にせなあかん」と、毎日の洗濯の方法を変えました。廃油を近所で集めて、石鹸づくりに協力もしました。父もチューブ入りの歯磨きをやめて塩にしました。そういう住民レベルの琵琶湖を守る取り組みを書いたのです。

川那部　レポートを全面的に覚えているとは言い難くてすみません。しかし、ご両親などのその実行は大きいですね。人口はあれから四割も増えているのに、一般的な水質項目に関する限り、琵琶湖が極端には悪くなっていない数値にあるのは、「自分たちがやらなければ」という、地域の人びとの思いと取組みが大きかったからです。

野村　一三〇万人を越えましたからね。地に足がついた生活者として、何とかしなければいけないという想いが、他にも、今の里山の動きなどにつながっているのかなと思います。

川那部　その通りです。しかしその後、琵琶湖の水がちっともよくなっていないのも事実ですから、次にはまた、みんなで大きく展開していっていただきたいと切望しています。

博物館とジャーナリズムでの多様な意見

川那部　そういうことのためにも、琵琶湖博物館の場合は、展示ででも何でも、一つの答えを示さずに、おのおの来館者に考えてもらおうというのが、そのやりかたです。安易な全員一致はむしろよくない。いっしょに来られた方々のあいだでも、帰りにはいろいろの意見が出て、ああだこうだと議論をしながら考えいただけるように、と努力はしているつもりなのですが…。

野村　そういう気づきの場を作るために、たしかに相当、苦心・工夫をされていますね。夏はほとんど毎年、子どもも連れて博物館にうかがうのですが、毎回の企画展もなかなか面白いです。

川那部　お子たちも連れてですか。それは嬉しいですね。

野村　父親といっしょに沿岸でシジミ*を獲った、魚を小さい網ですくった、そういう記憶がたいへん楽しかったものですから。それに、琵琶湖のタニシは、どうして先がみんな欠けているのか、いろいろ考えたりもしましたし。子どもにもそういうことを伝え、楽しみながらまた考えさせたいわけです。

　それはそうと、われわれジャーナリズムも、皆さんにいろいろ考えていただきたいという点は、全く同じつもりでいます。画一的なものだとか全体主義的なものは、ほんとうに怖いです。客観的にバランスをとりつつ、多様であることを大事にしています。

川那部　しかし一方では、いろいろ議論していく中で、「あのあたりらしいかな」ぐらいな…。

野村　何か見えてくることがありますね。

「ふるさと・琵琶湖」への想い

司会　放送現場で、琵琶湖や滋賀県のニュースを伝えられるときには、

＊シジミ
琵琶湖固有のセタシジミのこと。「沖島の漁業の変遷など」の章の脚注（六八ページ）参照。

セタシジミ（秋山廣光撮影）

やはり特別な思いなどがおありになるのですか。

野村　客観的に伝えることは大原則ですけれど、個人としてやはり気になります。「琵琶湖で、本来はいないはずの魚がまた見つかった」というだけで、びくっとしたり、水質などが少し良くなったと聞くと、ちょっとほっとしたり、すごく気になりますね。

対談の前に博物館ホールで行われた、野村さんの講演のひとこま。スライドに写されているのは、琵琶湖博物館開館以前に魚などの生物を展示していた、大津の琵琶湖文化館（2006年10月21日撮影）

司会　当初からＮＨＫなどのジャーナリズムに身を置こうと思っていらっしゃったのですか。

野村　理学部へ行って、地質鉱物学でもやりたいなとも思っていたのですけれど、もっと全体像を見てみたい、という思いとのせめぎ合いがあったのです。世の中というのはどういうふうに動いているのかなという、ある種、俯瞰《ふかん》の目といいますか、そちらのほうに最後は惹《ひ》かれたのです。

川那部　全体をというか、いや、むしろ個々のつながりの総体を見てみたいというお考えが大きかったのでしょうか。ジャーナリズムは、それがたいへん重要ですものね。

野村　おっしゃるとおりで、視野の広さとともに、バランス感覚などがすごく大事だと思っています。

琵琶湖の問題もそうですよね。細かい水質の問題と全体の環境の間をいったりきたり。開発や行政の立場など、いろんなバランスが必要なのでしょう。

琵琶湖自体が、最大の「常設展示」

野村　いつもは、どんな番組をご覧になるのですか。

川那部　家ではテレビを見ないのですが、旅先ではいろいろ見ます。ニュースは、衛星放送を含めてNHKが主ですね。民放でいちばん面白いのは、何といってもコマーシャルです。（笑）

野村　情報量はいっぱいありますし、映像表現としてユニークで、完成度はすごく高いです。

川那部　時間あたりなら、お金もうんとかかっているでしょうし。（笑）

それはそうと、やはり最も重要なのは報道ですね。地味かも知れないし、表面はいつも同じで、「受け身」だと間違って思われるかも知れませんが。

野村　常設展といっしょだと思います。何度も見ていただくためには、よほど完成度が高くないと…。美術館も、常設展が充実しているところは、良い美術館ですね。だから、琵琶湖博物館へも何度も来ます。

川那部　なるほど。ありがとうございます。本当はそうですね。

野村　たしか、「博物館はほんの入口」と書いておられましたが、やはり最大の常設展示は、「琵琶湖そのもの」ですよね。ここの施設は比較的ゆったりしているし、入口はもちろんですが、館内の見学の途中で何度も琵琶湖が広く見えます。そのうえ、ちょっと外へ出れば、いくらでも水に触れられる。そこに生きものがいる。ヤナギが生え、シオカラトンボが飛んでいる。これは、すごい常設展示ですね。

川那部　うーん。そういうふうに言って下さったのは、野村さんが初めてです。「ほんものの博物館は琵琶湖そのもの」と言っていますが、もっと抽象的な琵琶湖全体、あるいはそれぞれのむらむらを想定していました。ありがとうございます。博物館自体の周辺のことを、もっと強く考え直します。

『ファーブル一〇〇年展』への期待

野村　一〇周年記念といえば、来年の「東アジアの中の琵琶湖展」もそうですが、とくに再来年の「ファーブル一〇〇年展*」はたいへん楽しみにしています。アンリ＝ファーブル*は、虫の気持ちになるまで、じっと見ていた人ですから。

　それにファーブルは、たしか、セミに向かって大砲を撃ったのでしたね。

川那部　そうです。二回やってみたけれど、鳴くセミの数も音量もリズムも、何も変わらなかったことを数人で確かめ、「耳が全く聞こえないかどうかは判らないが、耳が遠いことということには、同意しないわけにはいかないだろう」と結論しています。

野村　ああいう実験を考える想像力というのはすごいですね。

川那部　そうなんです。一般に「耳が遠い」と言えるかどうかには疑問がありますが（笑）、あのような音に敏感でないというのは、確かでしょうね。観察者としてのファーブルさんは、みんな高く評価するんですが、いま言われたとおり彼は、野外実験などを駆使した人物、徹底した実証主義者だったんです。だから、見えないものについての「理屈」は気に入らなかったので、「進化論へのお灸*」なんていう節を書いたりしたのですね。

***ファーブル一〇〇年展**
日仏合同企画で、題は「ファーブルに学ぶ」となった。二〇〇七～八年に日本で、二〇〇九年以後にフランスで開かれる。琵琶湖博物館で開催する開催するのは二〇〇八年四月二九日～八月三一日。

***ファーブル**（Jean‐Henri Fabre）
フランスの博物学者（一八二三～一九一五）。小学校・中学校の教師として働き、五四年ごろから昆虫の研究を始めて多くの論文を書く。アルマス（荒地）と名付けたセリニアンに隠退後に書いた、『昆虫記（原題は昆虫学の回想）』一〇巻は特に有名。数学・物理学・化学・地理学・鉱物学などに関する多数の教科書をも書き、博物標本のほか民俗衣装の収集なども行った。『昆虫記』は、大杉栄訳（一九二二～）に始まって数回邦訳され、その他の作品もいくつか訳されている（平凡社・岩波書店など）。

***進化論へのお灸**
『完訳昆虫記』（山田吉彦・林達夫訳）第三

野村　フランスのギュスターブ＝クールベ*は、「画家である俺は、羽の生えた人間なんか見たことがない。だから天使は描かない」と言ったそうです。ドラクロワ*とかアングル*といった先人が、ロマンチックに描いているのを否定するんですが、こういう実証主義的なものがフランスには、ずっと強くあったんですね。

川那部　フランスの生物学の専門家は、進化論に反対したファーブルさんなどはだめだというわけで、彼から学ぼうという風潮はほとんどなかったそうです。日本にはこの人に学んだ人が、文学関係者だけではなくて、生物の研究者にもいっぱいいると話したら、たいへん驚いていましたが、少しずつ理解してきたようです。ファーブルさんをちゃんと評価した日本を中心とするその後の発展を、先ず日本で、そしてフランスで展示することになっています。

野村　どういう展示になるのか、大いに楽しみです。

司会　ぜひまたその時にもお越し下さい。今日は長時間にわたりありがとうございました。

野村　緊張しました。「先生」の前なので…。（笑）

巻第一五節。（岩波文庫）による。奥本大三郎訳（集英社）では「進化論への一刺し」となっている。

＊クールベ（Gustave Courbet）
フランスの画家（一八一九～七七）。理想化・空想化を廃した写実主義の代表作家で、印象主義の画家にも影響を与える。田舎町の葬式を描く「オルナンの埋葬」や、制作する自分と周囲の人々を描く「画家のアトリエ」（ともにルーブル美術館蔵）などは代表作。

＊ドラクロワ（Ferdinand Eugène Delacrix）
フランスの画家（一七九八～一八六三）。文学作品に想を得て華麗な色彩で劇的な構図を描いたロマン主義の代表作家。古代アッシリア王「サルダナパールの死」（ルーブル美術館蔵）などのほか、パレ＝ブルボンの天井画「正義」など装飾活動にも腕を振った。

＊アングル（Jean-Auguste-Dominique Ingres）
フランスの画家（一七八〇～一八六七）。新古典主義の代表作家で、典雅優麗な作風で、近代絵画に大きい影響を与えた。「ホメーロス礼賛」・「横たわるオダリスク」・「泉」（ともにルーブル美術館蔵）などが代表作。

あとがき

琵琶湖博物館は、二〇〇六年一〇月に開館一〇年を迎えました。さまざまな記念行事が行われ、また今後にも予定されていますが、その中で、いくつかの本を出すことも考えてみました。その一つが、この『対談　琵琶湖博物館を語る　一九九六―二〇〇六』です。

琵琶湖博物館ではずっと、『うみんど［湖人］』という名の八ページばかりの雑誌を、一年に四回出しています。それに、最初の頃は毎号、途中からは一号おきに、さまざまな方をお招きして行った対談・鼎談・座談を載せてきました。この機会にそれを、単行本にまとめたのがこの本です。それに、開館のころにお願いした関連する他の二つのものを付け加えました。

いま読み直してみますと、すべての方々が琵琶湖博物館に大いに関心を持ち、激励してやろうとして下さっていることを、改めてひしひしと感じます。先ずはその方々に深く感謝致します。

また、これらの対談等の実現にあたっては、司会進行などを行った人を含め、館内館外の多くの方の大きい御助力を得ました。さらに、この単行本の作成にあたってもいろいろな人々に手伝って貰いました。館内ではとくに寺田治雄さん・布谷知夫さん・小菅由有子さん・樋口文子さんに、そしてサンライズ出版の岸田幸治さんにたいへんお世話になり、脚注・写真などを加えることができました。但しその最終責任が私にあることは、言うまでもありません。また、正式名称ではなく略称など、一般に通用している呼びかたを採用しました。それはともかく、これらの人々に御礼申します。

琵琶湖博物館は、ものやことが博物館から外へすなわち皆さんへ「出て行く」だけではなく、ものやことが皆さんから博物館へ「入ってくる」博物館です。言わば、皆さんとともに創り上げていく「発展途上」の博物館です。これからも今まで以上に、さまざまの方々がそれぞれいろいろなお力を出して下さるよう、改めてお願い申しあげます。

二〇〇七年六月五日—世界環境デーの日に

滋賀県立琵琶湖博物館
館長　川那部浩哉

編者略歴

川那部 浩哉（かわなべ　ひろや）

1932年、京都府生まれ。京都大学大学院理学博士課程（動物学専攻）修了。同大学・助手・講師・助教授・教授・生態学研究センター長を経て、1996年4月より琵琶湖博物館館長。

近年の著編書に、『曖昧の生態学』（農山漁村文化協会）、『生物界における共生と多様性』（人文書院）、『古代湖　その文化・生物多様性』（英文　ケノビ出版）、『魚々食紀　古来、日本人は魚をどう食べてきたか』（平凡社新書）、『博物館を楽しむ　琵琶湖博物館ものがたり』（岩波ジュニア新書）、『生態学の「大きな」話』（農文協）など。

対談　琵琶湖《びわこ》博物館を語る 1996－2006

2007年7月25日　初版第1刷発行

編　者　　川那部浩哉

発行者　　岩根順子

発行所　　サンライズ出版株式会社
〒522-0004 滋賀県彦根市鳥居本町655-1
電話　0749-22-0626

印刷・製本　P-NET信州

ISBN978-4-88325-331-9

定価はカバーに表示してあります。
落丁・乱丁本は小社にてお取り替えいたします。